大展好書　好書大展
品嘗好書　冠群可期

大展好書　好書大展
品嘗好書　冠群可期

元氣系列 17

酵素養生智慧

李辰 主編

大展出版社有限公司

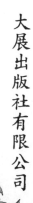

前言

酵素（enzyme），又名酶。由原形質所形成類似蛋白的有機膠狀物質，對於化學反應是催化作用。酶所控制的都是生命現象最基本的反應，如呼吸、生長、肌肉收縮、神經傳導、光合作用、消化等，都是由酵素作用而促成的，其作用受某些外界因子，如酸鹼值、溫度等均可影響酵素的活性及反應速率。

現代人由於飲食習慣的改變，情緒壓力以及年齡的增長，分泌酵素的能力逐漸下降，當人體酵素分泌不足或代謝不完全，就會產生毒素，危害人體健康。

酵素可分解有毒的過氧化氫，並將健康的氧氣從中釋放出來。酵素促進氧化作用；氧化作用會製造能量。酵素也將有毒廢物轉變成容易排出體外的形式來保護血液。

酵素是生命之水，它能活化人體所有內臟，促進消化的排泄，加速新陳代謝，增強抵抗力，延遲老化，改善不正常的生理現象。營養醫學界早已發現藉由補充酵素，可以改善消化不良、潰瘍等各種常見疾病。酵素可說是人體不可缺少的「新陳代謝必要物質」。

促使我信心十足地寫下這本書的動機在於近代的醫藥大多有副作用，而酵素療法除了有驚人的效果外，完全沒有副作用。因此，多方收集資料集成一冊，希望有更多的人了解酵素療法的益處。

本書將介紹酵素與漢方配合而成的驚人治療效果。就健康法而言，酵素究竟有什麼效果呢？二萬五千個龐大臨床實驗構成了體系化的森田理論，具有劃時代的精彩內容。

在只將酵素原汁當做食品的今天，希望能夠透過本書，讓讀者了解酵素在藥用方面的功效與成就。

目錄

前 言……三
第一章 奇異的酵素
1. 酵素是什麼？……一六
2. 酵素是健康的泉源……一九
3. 酵素不均衡導致半健康狀態……二一
4. 酵素不是秘方……二四
5. 各種酵素的功效……二五
第二章 維持健康、治療疾病
1. 酵素對於那些症狀具有治療效果……三〇

(1)一個月即可治癒亞健康者……三〇
(2)治療胃潰瘍……三一
(3)治療鞭疼（頭疼）症……三五
(4)治療香港腳……三七
(5)治療痔瘡……四〇
(6)治療脫髮……四一
(7)治療不孕症……四四
(8)治療風濕症……四六
(9)治療宿醉……四八
(10)治療陽痿症……五〇
(11)治療胃癌……五三
(12)對公害病頗具威力……五五
2.酵素為何也能治療疑難雜症……五七
(1)治癒腦中風的實例……五七

(2) 酵素的六大作用……六〇
(3) 酵素的全身作用……六三
(4) 與一般藥品併用效果更佳……六四
(5) 根本治療的特性……六七
(6) 迅速吸收特效成分……六九
(7) 沒有副作用，可長期服用……七一
(8) 酵素原汁是高度的複合性酵素……七五

第三章　短期奏效的簡單健康法

1. 酵素斷食法適用病症……七八
(1) 實施健康法前的注意事項……七八
(2) 製作健康計劃表……八二
(3) 費用低廉……八四
2. 24小時酵素斷食……八六

3. 斷食中可能發生的現象……八七
4. 細嚼慢嚥吃三餐、八分飽最恰當……九〇
5. 挑選均衡的好食品……九一
(1) 顏色的均衡……九二
(2) 土中食物與地上食物的均衡……九三
(3) 季節性食品的均衡……九三
(4) 海產與山產的均衡……九三
(5) 動物性食品與植物性食品的均衡……九四
6. 淡味食物……九四
7. 不吃加工食品……九五
8. 規律的睡眠……九七
9. 規律的排便、運動……九九
10. 三條禁忌……一〇一
(1) 不使用避孕藥……一〇一

(2) 不常用藥品……………………………………………………… 一〇一
(3) 不抽菸過多……………………………………………………… 一〇二

第四章 減肥、美膚的特效療法

1. 推薦給肥胖、便秘、生理不順的人……………………… 一〇四
(1) 肥胖是百病之源…………………………………………… 一〇四
(2) 全身肥胖型與局部肥胖型……………………………… 一〇六
(3) 您是胖可胖姐嗎？……………………………………… 一〇九
（型態別減肥法 1）局部肥胖型減肥法……………… 一〇九
（型態別減肥法 2）全身肥胖型減肥法……………… 一一三
（型態別減肥法 3）冷胖型減肥法）………………… 一一四
（型態別減肥法 4）虛胖型減肥法…………………… 一一五
2. 減肥運動——經絡體操…………………………………… 一一七
3. 美膚的酵素美容術………………………………………… 一二二

第五章　中藥加酵素治療慢性病

1.推薦給適用症者……一二六
2.胃下垂……一二八
3.胃潰瘍、十二指腸潰瘍……一三一
4.慢性便秘……一三六
5.高血壓症……一四〇
6.慢性肝炎……一四五
7.感　冒……一四八
8.氣　喘……一五二
9.痛　風……一五七
10.慢性膀胱炎……一六〇
11.陽痿、性冷感……一六四
12.中藥的正確飲用法……一六七

第六章　有關酵素原汁的注意事項

1. 酵素原汁的選購條件……一七〇
2. 喝多少才恰當……一七三
3. 何種人不能飲用酵素原汁……一七五
4. 超量飲用的情況……一七六
5. 處理、保存的注意事項……一七八
6. 飲用法——一……一八〇
7. 飲用法——二……一八四
8. 粉末酵素的菜餚運用……一八八

第七章　體驗——我的病治好了

1. 六個月之內我瘦了二十公斤……一九四
2. 自從治癒我的鞭疼症後，全家都是酵素迷……一九五

3.我的生理期又恢復正常了……………………一九七
4.精力充沛，好像年輕了不少……………………一九八
5.奇蹟！我的頭髮復活了……………………一九九
6.酵素賜給我新生命——我懷孕了……………………二〇〇
7.青春痘全不見了……………………二〇一
8.二個月治好便秘……………………二〇二
9.只花三天的時間香港腳的奇癢突然停止……………………二〇三
10.二個月治好冰冷症……………………二〇四
11.一週的絕食療法治好我的高血壓……………………二〇五
12.在半信半疑之下飲用酵素……………………二〇六
13.對身體百利無一害……………………二〇八
14.才一個月兒子的氣喘就好多了……………………二〇八
15.我終於解除長年痔瘡的痛苦……………………二一〇
16.二個月瘦了七公斤……………………二一一

17.酵素產生效果後全身舒暢無比……二一二
18.同時治療肥胖與月經不順……二一三
19.治療胃下垂及青春痘……二一四
附錄：酵素原汁自製法……二一五

第一章　奇異的酵素

1. 酵素是什麼？

帶有肩膀酸痛、倦怠、頭暈眼花、食慾不振、心浮氣躁……等症狀的「亞健康」人士正在急遽增加中。如果您有以上症狀，本書將介紹您「特別有效」的方法。這種方法即使是遇到潰瘍、後遺症、風濕症、痔瘡、香港腳……等，近代醫學所謂的「疑難雜症」，也有高度的治癒率。

這種能治百病的表現並非誇大其詞。我所說的每一句話均出自良心，也是二萬五千名臨床實驗資料所累積而成的事實。

其方法就是以下即將介紹的「酵素養生智慧」。在介紹酵素的驚人功效與使用方法之前，先就「酵素是什麼」為各位解說。

＊

酵素（enzyme）是生物學名詞，又名酶。是由蛋白質構成的催化劑，由細胞製造。酵素是無法用肉眼觀察，必須透過X光才得以解析。酵素可以促進細胞內各種化學變化的特性和速率，生物體內的生理化學反應都靠它來催化。

Ｘ光下的酵素呈水晶形狀、無色透明。大都為四角型、五角型或多角型，其中也有圓型的。體積為一億分之一公分。

電子顯微鏡下的酵素如火車一般，各式各樣的酵素列隊連在一起。各種功能互異的酵素列隊在血液中流動，或流入細胞、或進入內臟，它們在人體中擔負著不同的功能。

例如，手指割傷。雖然只是一個小傷，但因切斷了微血管而有血液流出。這種割傷現象使細胞受到破壞。不管受傷的情況如何，對人體而言都是一種「傷害」，若不立即補救，血液將不斷流出，空氣中的細菌也會從傷口進入體內，使傷害愈來愈大。

然而，如何才能使傷害減到最低呢？首先是止血，然後重新製造新細胞。酵素具有止血的功能，雖然不能直接生產新細胞，仍以化學變化的形式間接促進細胞新陳代謝。如果傷口處理不當，使細菌聚集成膿，對人體將會帶來不良的影響。此時，酵素便派上用場了。細胞在忙於再生之時，數千個酵素群開始群聚工作。掃除病巢及微血管內的膿水，保持血液的暢通，間接擔任治癒傷口的功能。

人體就像是一座精密的化學工廠，生物體藉由各種酵素的催化劑與調節作用，才能有效完成所需的生理活動，例如：分解消化食物、新陳代謝、組織修復、傷口癒合、抵抗病毒，或促進鐵質集中於血液、幫助止血及廢物的排除等均依賴各類酵素的作用。

酵素的工作一刻也不休息。例如，思考、觀察、判斷等的動腦行為不能沒有酵素。消化食物也需要酵素。其他如手腳關節的活動、神經、肌肉的活動、內臟的活動均與酵素有關，它關係著人的生命現象，若無酵素人就無法生存。

另外，酵素的一大特徵是——一個酵素只有一種功能，也就是說只能作用一種物質（基質）。

也許讀者以為酵素是活的東西，其實不然。它是一種微小水晶狀的無機質。

2. 酵素是健康的泉源

您可知酵素是在何時進入人體？答案是在卵子與精子時期即已存在。而且也由於酵素的活動，才能使卵子與精子結合。

細胞分裂必須以酵素為媒體，才能使卵子與精子在母體中結合，產生新生命。於是，從出生、哺育、成長，到死亡，酵素一直在人體內活動。細胞的養分逐漸喪失死亡之後，酵素才會喪失功效。

製造酵素的器官是消化器官與各內臟。生產出來的酵素混在血液中，流向各個工作崗位，進行自己的工作。

以進食為例。食物進入口中之後，唾液立即產生「唾液素」的酵素，將米飯中的澱粉質分解成麥芽糖或糊精，同時會覺得愈嚼愈香甜，這是酵素分解作用加強的結果。

其次，胃腸內還有許多幫助營養素消化和吸收的消化酵素，可將食物轉換為水溶性物質。當食物進入胃部時，「胃液素」的酵素立即出現，將肉類等的蛋白質做某種程度的分解。接下來是小腸，有腸肽酶、脂酶等酵素，可分解蛋白質、脂肪。經過這些程序，食物即分解成容易被消化、吸收的形式。這些養分經過轉換就成為能源及構成細胞的物質。

人必須吸收營養，生命才能延續。消化酵素的原理是切斷脂肪，蛋白質和澱粉的鍵結，讓這些營養比較容易被身體運用。而人體所需的各類營養素皆需經由食物中攝取，但涵蓋在食物中的營養素，依照原來的形態是無法被人體吸收的，因此，需先經過消化的過程，在這階段裡，酵素會發揮很大的功能。

因為酵素是擔任消化工作，所以在短時間內可輕易的分解食物，這是一連串蛋白分解酵素所產生的作用。食物從口腔經食道、胃、十二指腸、小腸、大腸，受到三大類酵素——蛋白分解酵素、分解碳水化合物的酵素、分解脂肪的酵素作用，使食物分解成微小的粒，被人體吸收。

由以上的消化過程可知，酵素的順利運行，才能使人體的各機能正常活動。若無酵素，人體立即死亡。因此，酵素是健康的泉源，也是生命的泉源。

3. 酵素不均衡導致半健康狀態

有正常的酵素運作才有健康的身體狀態。不過，至今專家們仍然很難從病情與飲食習慣來判斷酵素的平衡情況。只有一種可行的方法，就是找出酵素活性的條件。

所謂酵素的活性條件，是指適切的體溫、體液的酸鹼值、濕度、補酵素（維他命B群）、蛋白質等，還包括維持體力的基本必要條件。這些條件若無備齊，酵素無法順利運行，於是體內各機能減低，身體狀態出現紅色信號。

這種情況叫做「半健康狀態」。此時，身體對於外在病原菌的抵抗力很弱，長期下來一定會生病。癌等的惡性腫瘤、胃潰瘍等的炎症、膀胱炎等的細菌性疾病，均是由此而起。

酵素是蛋白質，可以影響蛋白質性質的因子，如溫度、酸鹼值等均可影響酵素的活性及反應速率。

(一) 溫 度

於正常情況及適當的溫度範圍內，酵素活性隨著溫度的升高而增加，使反應速率加快，但溫度如果超過其最適宜的範圍時，酵素活性就會銳減。一般而言，酵素於最低溫度或最高溫度情況下都沒有催化作用。但在低溫下，酵素雖然沒有催化作用，卻沒有被破壞。因此，若再逐漸提高溫度時，酵素活性可慢慢恢復，並於最適宜的溫度時其反應速率達到最高峰。相對的，酵素於最高溫度下，不僅沒有活性，同時也被破壞。所以，再把反應溫度恢復到原來的適宜溫度範圍時，酵素活性仍然不能恢復。

酵素因種類的不同，其最低溫度、最適宜溫度、最高溫度的溫度範圍也不同。酵素的催化反應最適宜溫度範圍在攝氏二十五度～三十五度之間。

(二) 酸鹼值

一般而言，酵素於酸鹼值中性、微酸性或微鹼性情況下，其活性較好。不過，有些酵素於強酸或強鹼情況下，其催化速率反而較快，如胃液內的蛋白酶在PH2情況下活性最好，而胰蛋白酶則在PH8.5時活性較佳。酵素於不適宜的酸鹼值時會變質，因此會有沉澱的現象。

酵素為什麼不活動？當然不是臨時罷工，其原因是出在人的身上。人們因偏食而引起體液酸鹼值的不平衡，酵素的活動受到體液的影響而減少。

治療的方法不外是均衡的飲食習慣。不過，在我們的生活環境中，由於受到公害、空氣、土壤、水質污染、海水污染等的影響，也會直接或間接地減弱酵素的運作。

因此，人們想出了另一種方法，由體外給與相同的酵素。不過，由於不知體內缺乏何種酵素，因此，原則上以供給大量而良質的酵素為主。

市面上充斥著許多酵素原汁。這些酵素原汁大都是使用發酵製法（含有大量酵素）做成的食品，品質良莠不齊，購買時必須慎重選擇。

現在市面上的酵素產品多用新鮮蔬果發酵釀製，先進的生物科技已可將蔬果中的維他命和礦物質保存住。另外，酵素食品也多含益生菌（probiotics）。

益生菌就是其細胞或細胞成份對宿主的健康有益，並能維護宿主的健康。

4. 酵素不是秘方

酵素原汁的基本功效是在整備體內環境，例如，使體液保持弱鹼性、化解體內的有害物質、使細胞正常運作等。凡體內的一切機能，酵素都有責任維護其順暢、平衡。也因為如此，需要一段較長的時間才能見效。

一般的治療法都是針對患部進行注射、敷藥等治療，此謂之對症療法。相反地，酵素療法除了可以治療患部之外，並能將功效擴及全身，謂之根本治療。

由於兩者有如此大的差別，怪不得有許多百醫無效而一試酵素即癒的病患認為它是神藥了。

未來的酵素可能走向多樣化。可運用到公害病的預防、治療，食品化學及土壤改良等，甚至可望從木材中提煉糖精。

由於對酵素的深入研究，知道酵素有分解那些物質的能力，因此，深信酵素對於化學工廠所排放出來的有害物質也有極大的用處。

除此之外，利用酵素增產海帶、裙帶菜的成功案例亦不少。由於木材內含有大量醣質，而酵素具有分解作用，日本已計畫在北海道，利用酵素抽取木材中的醣質，以造福當地居民。

日本人也曾經在北海道做一項水稻增產的試驗。霜害時，其他的水田都全軍覆沒，只有試驗田仍是一片金黃色的稻穗，在雪花中飛舞著。

聽說酵素還能增加乳牛的出乳量，並且提高牝牛的受胎率。

在面臨公害危機的今天，酵素帶給人類無窮的希望。

5.各種酵素的功效

有些保健品明白酵素對人體的重要性，因此，就以這樣的字眼行銷，但嚴格而言，這類產品並不能稱為酵素，應該稱為蔬果發酵液，這些發酵液在抗氧化力確實不錯，但能稱為酵素的應該是消化酵素。

消化酵素分解食物顆粒，以貯存於肝或肌肉中，此貯存的能量稍後會在必要時，由其他酵素轉化給身體使用。酵素也利用攝取進來的食物以建造新的肌肉組織、神經細胞、骨骼、皮膚或腺體組織。

各種蔬果酵素功效如下：

1.木瓜酵素：明目，消滯潤肺，促進蛋白質的分解作用。

2.西瓜酵素：消暑利尿，降血壓。

3.芹菜酵素：舒緩焦慮及壓力，補充體力。

4.芒果酵素：幫助消化，防止暈船嘔吐，喉嚨疼。

5.梨子酵素：能維持心臟，血管正常運作，去除體內毒素。

6.苦瓜酵素：清熱、解渴、抗病。

7.香蕉酵素：提高精力，強健肌肉，滋潤肺腸，血脈暢通。

8.椰子酵素：預防心臟病、關節炎和癌症，強健肌膚，滋潤止咳。

9.柳橙酵素：滋潤健胃，強化血管，可預防心臟病、中風、傷風、感冒和瘀傷。

10.草莓酵素：利尿止瀉，強健神經，補充血液。

11.乳糖酵素：增加腸道中乳糖的分解與利用，改善喝牛奶就腹瀉的情形。

12.葡萄酵素：調節心跳，補血安神，加強腎、肝功能，幫助消化。

13.檸檬酵素：含豐富維他命C，止咳化痰，有助排除體內毒素。

14.鳳梨酵素：消腫祛濕，幫助腸胃道潰瘍黏膜的癒合，舒緩喉痛。

15.蘋果酵素：調理腸胃，促進腎機能，預防高血壓。

16.哈密瓜酵素：消暑解燥，生津止渴。

17.紅蘿蔔酵素：刺激膽汁分泌，中和膽固醇，增加腸壁彈性，安撫神經。

18.奇異果酵素：含豐富維他命C，清熱生津，止吐瀉。

19.白蘿蔔酵素：改善呼吸系統。

20.葡萄柚酵素：降低膽固醇，預防感冒及牙齦出血。

酵素療法的臨床實例

病　　名	症例數	著效	有效	無效
胃、十二指腸潰瘍	2,517（人）	60（%）	20（%）	20（%）
痛風	643	55	20	25
慢性便秘	1.495	55	20	25
創傷後遺症	1,923	55	20	25
自律神經失調症	2,189	50	20	30
肝臟病	2,069	40	20	40
神經痛	2,121	45	20	35
風濕症	1,983	45	20	35
肺結核（化學療法併用）	1,074	55	15	30
氣喘病	1,937	45	15	40
高血壓症	2,053	45	15	40
其他	5,278	60	20	20

其他的疾病內容包括：咽喉炎、心臟病、結膜炎、白內障、青光眼、中風、小兒麻痺、癲癇、糖尿病、肌肉萎縮、畏冷、虛弱、體質異常、皮膚粗黑、肝斑、青春痘、濕疹、褥瘡、燒傷、香港腳、頑癬、化膿創傷、刀傷、膽囊炎、腹膜炎、肋膜炎，膿胸、支氣管炎、肺炎、感冒、急性腎炎、慢性腎炎、膀胱炎、肝硬化、蛀牙、蕁麻疹、丹毒、腮腺炎、腫瘡、蓄膿症、中耳炎、骨髓炎、齒槽膿漏、動脈硬化症、低血壓症、口腔炎、扁桃腺炎。

第二章　維持健康、治療疾病

——日本森田義雄博士公開
二萬五千名臨床實例的驚人藥效——

1.酵素對於那些症狀具有治療效果

(1)一個月即可治癒亞健康者

酵素到底能治療那些疾病?由臨床實例來看，可謂是「可治百病」。不過，其中最有效果的要算是「亞健康」症狀的病人了。

所謂「亞健康」的解釋有很多種，其症狀不外是腰酸背痛、肩膀酸痛、倦怠、頭重腳輕、食慾不振等。一切既像病、又不像病的不舒服症狀都是亞健康的表現。

由於現代生活的緊張，有愈來愈多的現代人加入亞健康的行列。這些症狀如果長期放置不管，就會真的生病。

如前述，亞健康症狀是因酵素功能故障而引起，故障的程度愈重，病情就愈沉重。而酵素療法即是讓病人服用由植物抽取的酵素精華，以期使體內的酵素功能恢復正常運作。

飲用方法以第三章所介紹的「酵素斷食法」最為適當。只要持續實施三十日，一切肩膀酸痛、倦怠感等症狀都將煙消雲散。即使是健康的人，每日早晚服用的三十～六十cc，只需一個月就能達到增強體力的效果。

除此之外，對於女性的經常便秘，月經不順等也有特殊功效。其方法請參照第四章的「減肥」「美膚」特效療法。

酵素若與漢藥併用，能夠根本治療慢性肝炎、氣喘等頑固的慢性病。其方法請參照第五章的「利用漢藥與酵素治療慢性病」。

總之，酵素對於一切疾病都有效，從胃癌到香港腳、禿頭等疑難雜症都有治癒的病例，以下就一一為您介紹。

(2) 治療胃潰瘍

① 治療一切發炎性病症

由於酵素有抗炎作用，因此，酵素療法對於胃潰瘍等發炎性疾病有很大的功效。

潰瘍性疾病的種類包括胃潰瘍、十二指腸潰瘍、大腸潰瘍等，其中以胃潰瘍的罹患率最高，十二指腸潰瘍與大腸潰瘍的罹患率大約相等。

胃潰瘍可能出現胃痛、頭痛、下半部背痛、作癢、有噎塞感等症狀。

有一位住院等待接受胃潰瘍手術的六十七歲女性。在住院當天，碰巧看到鄰床罹患心臟病的中年婦人正在服用市面販賣的酵素原汁，於是她興致勃勃也詢問對方在喝些什麼？

在對方大力推薦下，這位罹患胃潰瘍正在等待開刀的婦人也開始偷偷飲用酵素原汁。由於完全沒有專家指導，分量也不一定，只是每餐固定飲用一杯（約三十cc），時間持續了二十天。

手術的日子到了，院方例行地在手術前以X光檢查，奇怪的是過去確認的潰瘍，如今完全消失。百思不解的醫生群以內視鏡（胃鏡）做精密的檢查，發現胃潰瘍已經痊癒，只剩下一個治癒的痕跡留在胃壁上。

那位病人出院之後，特地請教醫生治癒的原因。

醫生比較一下她所帶來的三張X光片（一張是潰瘍時期的，另外兩張是潰瘍消失後的X光片及胃鏡所照的片子），對她做了以下的說明。

引起潰瘍的原因很多，仔細觀察潰瘍的部位，會發現創傷有如刀割一般。傷口逐漸潰爛之後，形成胃壁穿孔，引起發炎。

內科的治療方法是投藥阻止發炎，其次就是等待被破壞的細胞自行新生。持續的糜爛狀態將使患部生膿，它是病毒，也是疼痛的根源，必須剔除才能止痛。

外科的治療方法是將患部切除，極為簡單。但是，內科治療首先必須以鎮痛劑抑制疼痛，再試圖緩和胃的酸度，抑制發炎部位的擴大。現在的內科治療都屬消極的治療法，很難根治。

②酵素有排除病毒的綜合作用

胃潰瘍是消化器官的疾病，所以一旦進食，傷口受到刺激就會疼痛。但是，不吃又無體力抵抗病菌，實在很為難。這時，最好採用可以減輕胃部負擔、消化容易的進食法。魚的白肉與蔬菜就是最好的食物。魚的白肉部位有豐富的蛋白質，既營養又容易消化。蔬菜有抑酸作用，且內含數十種優秀的酵素群。

酵素療法比內科治療更為積極。首先對於引起發炎的細胞進行強烈抗炎效果，再逐步分解發炎所產生的廢物。除此之外，酵素還有使細胞新生的細胞賦活作用、解毒作用、運送細胞新生必要之營養的血液淨化作用及排出病毒作用等綜合性效果，能夠徹底治癒病根。

而且，酵素原汁含有大量的醣質，可做為各器官、血液、細胞的運動能源。酵素原汁的醣質是屬於容易燃燒的葡萄糖、果糖等單醣體，進入人體後可以立即消化吸收，轉換成能源，使胃部（患部）得到充分的休息。這就是酵素原汁有助於胃潰瘍的原因。

依醫生的經驗，一百位求診的胃潰瘍病例中，約有六十位在一個月內完全治癒，有十位超過一個月才治癒。其餘三十位當中，有二十五位雖然治癒，由於傷口過大，治癒後的傷痕牽引神經，經常有不快感。另外五位，經過各種檢查，發現已由長期的慢性胃潰瘍轉變成胃癌，酵素雖然能夠抑制細胞的增殖，仍不能完全治癒。

⑶治療鞭疼（頭疼）症

①只能利用酵素治療的理由

有些疾病是只有酵素才能治癒的，那就是鞭疼症（因車禍等傷及頭骨，產生頭疼或麻痺等多種後遺症），其中包括椎間板疝氣在內。

以下就痊癒病例加以敘述。

這是發生在五年前的病例。五十四歲的建築商人林先生，因車禍引起頭痛而到處求診。當他來找我時，已是車禍後一個月的事了。林先生的雙手與頸部腫脹而麻痺，身體無法活動，夜間經常嚴重頭痛而難以成眠。

當我聽完以上的病情敘述之後，認為「不可用過去同樣的方法，使用酵素療法也許會有驚人的效果」。於是，指示他每日喝六百cc的酵素原汁，實施一個月的斷食，斷食後再以每日二百cc的分量，持續飲用三個月。

效果在第二天就已顯現出來，雖然只有一點點，病人已感到酵素的神效。

第三天的情況更好了。腫脹、麻痺的現象已有改善，夜晚也較能安眠。

一週之後，週期性的疼痛間隔已逐漸延緩、痛楚程度也減輕許多。林先生如少年般地欣喜叫道：「醫師，我已經好了五十％了！」

一個月之後，疼痛與麻痺感幾乎完全消失，只有在下雨前，仍有點隱隱作痛。

「已經完全好了，醫生！」林先生欣喜地感謝酵素原汁給他新生。「沒那麼簡單，你只好了八十％而已，剩下的二十％仍深深地殘留在體內，不知何時會再復發呢！」我警告地說。

人體的構造很複雜，想要痊癒並不容易。林先生依從我的意見繼續服用三個月的酵素原汁，如今已完全康復。

酵素原汁也能治療椎間板疝氣。不過，最正確的方法是動手術。

酵素原汁為什麼能夠治療鞭疼症呢？以下就病理學原理加以說明。

②對炎症有綜合性的治療效果

鞭疼症的本質是神經的極輕度外傷。此種外傷需要使用高倍顯微鏡才能看得到。其疼痛來源可能是因脊髓神經受到障礙而引起的。

例如，手部的神經發炎，會使手部發生痲痺、腫痛等現象。

例如，前面所舉的胃潰瘍病例。酵素對於發炎病例的確有驚人的功效。特別是對細胞無法再生、無法新陳代謝的神經系統而言，酵素更是特效藥。

由於神經系統極為細密，無法進行外科手術，而內科方面也只能將患部固定，讓病人安靜休息，等待自然的治癒力發生功效而已。相反地，酵素原汁的多種功能中有治療炎症及神經細胞再生的綜合治療效果。

⑷治療香港腳

①發現酵素有治療香港腳的功效

香港腳是於溫暖、潮濕環境裡盛行的一種黴菌感染病。

培養的病原菌滴下酵素原汁之後，原來活動快速，正在擴大勢力範圍的病原菌立即停止發展，並由帶狀形成環狀，將自己封閉在環內。

經過數小時，細菌吃完環中的食物之後陷入糧食缺乏的困境，停止發育，而逐漸衰弱滅亡。

這是以化膿菌（葡萄球菌、連鎖狀菌、傷寒菌、大腸菌等）為素材的酵素原汁抗菌性實驗。驚奇地發現酵素的抗菌性大抵與抗生物質相等。

②以臨床實驗為證

兩位因大腸菌而引起膀胱炎的病患，一位以抗生素治療，另一位給予酵素原汁。

使用抗生素的病例，在數小時之後即發揮藥效，完全消滅引起膀胱炎的大腸菌。

另外一方面，檢查服用酵素原汁者的結果，當日不見功效，翌日則大腸菌全滅，證明兩者的效果相同。

此外，還意外發現一項效果，那就是對香港腳的影響。抗生素與酵素的抗菌性能，雖然在時間上有些許的差距，但在效果上完全相同。

香港腳是由於一種名叫白線菌的植物性病原菌（即黴菌）聚集在皮下所引起的疾病。

白線菌的繁殖條件是要有適當的濕度，而溫度只要稍微高於人體體溫，就能立刻增強其勢力範圍。

皮膚發癢只是初期症狀，一段期間之後，就會安靜地潛入皮下繁殖，因此很難根治。

即使是在患部塗上當今最有效的抗生素軟膏，也只是治療表面，無法深入治療。而且會使皮膚脫皮乾燥，容易引起皮膚炎。

③沒有副作用，與抗生素同等威力

皮膚有排除異物滲透的本能，對於藥物也是如此，因此，藥物無法到達深部，香港腳自然難以斷根。

前述的抗生素軟膏藥性強烈，可使正常的皮膚脫皮，因此，乾燥抵抗力較弱的人不太適用。在這種情況下，推薦無副作用，又有與抗生素同等功效，且能同時治癒其他疾病的酵素原汁。

飲用酵素原汁，可由體內進入皮膚深部，徹底殺死白線菌。若覺得麻煩，也可以用塗抹患部的方式，既不傷害皮膚，又有強烈的滲透性，效果卓著。

結核病就是病原菌（結核菌）引起的疾病，而酵素仍有治癒的功效。但是，若能與化學療法合併使用，效果更好。

病毒性感冒、雙球菌引起的肺炎、大腸菌引起的食物中毒、葡萄球菌引起的骨髓炎、病毒菌引起的流行性耳下腺炎、化膿菌引起的腎盂炎等病症，都可以只使用酵素療法，或與一般醫療併用即可痊癒。

⑸治療痔瘡

酵素原汁對於「痔瘡」也有不錯的效果。

痔瘡有裂肛、痔核、脫肛、痔瘻數種，每一種都伴有發炎現象。特別是痔瘻，發炎化膿之後，膿水經由肛門慢慢流出。

其他痔瘡也都有血液凝結，血管腫脹或斷裂的現象。

對於這種疾病，建議每日服用二百cc（分三次）的酵素原汁，服用期間一個月。酵素原汁有淨化血液、分解、抗菌、抗炎症、細胞賦活等綜合性效能。

首先抑制發炎，然後排解炎症所分泌的病毒、抵抗結核性病菌、打通血脈、促使細胞再生。

這種治療方法只需二～三週的時間即可痊癒，除了半途放棄或疏忽中斷者之外，一百名病例中約有五十名能夠痊癒。

當然，如果能夠再持續數週或者數月，治癒率就更高了。

若想要速見效果，可採取直接塗抹的方式。可是，有些人會因而有搔癢感，抓癢的結果只有使病情更加惡化而已。此時，必須中止塗藥，改採飲用方式，長期而有耐心地治療。

塗藥方法是用手指沾上一層層薄薄的酵素原汁，均勻地塗抹在患部上。最理想的方式是先以醫藥用酒精稀釋一百倍之後使用。

⑹ 治療脫髮

① 酵素能使頭部的血液循環保持良好

男性的脫髮因素包括遺傳，內分泌及老化。女性也有脫髮的例子，但程度較輕微，而且通常發生在停經之後。

可能有很多人懷疑酵素醫治脫髮症的效能。不過禿頭者，尤其是中老年的男性不妨多加留意。

用手拉拉頭髮你會發現頭皮緊繃的人，頭髮一定比較稀疏。因為緊張的頭皮會壓迫、阻礙血液循環，使微血管無法將養分送到髮根。營養不足，毛髮發育遲緩，自然容易脫落。

另外一個理由是對於頭髮修整的認識不正確，高濃度的髮油會使污物塞住髮根，阻礙頭髮的正常發育。

脫毛現象大都是由於營養狀態的惡化與不潔。以下將為脫毛者提供一些對策。

首先是洗淨頭皮及髮根，這是最基本的常識，也是最重要的一環。因為污垢及分泌物阻塞髮根將妨礙頭髮的發育。洗髮後，必須完全吹乾。潮濕的頭髮容易沾上污物。

其次是飲用酵素原汁。飲用方法將於第三章的「酵素斷食法」中介紹。

酵素不但能夠分解、排出污物，同時能夠促進血液循環，將養分送達髮根細胞，使毛髮光澤、有彈性。

②生髮的秘密

絕對避免將酵素直接塗抹在頭皮上。因為酵素原汁含有大量醣質，會使頭皮有黏濕感，反而容易沾染污物，阻礙新陳代謝的進行。

因此，教給各位一項秘方。

首先，用藥用酒精將酵素原汁稀釋十倍。目的在使觸感清爽，是一種酵素化粧水。

洗髮後，將頭髮徹底弄乾，倒上酵素化粧水，仔細按摩頭皮。

罹患禿頭的人，只要每夜十一時左右，洗完澡之後施行，持續一個月必定會有效果。頭髮稀薄、稀少的人只要長期使用也一定有效。

頭皮屑極多的人，不論男女，只要使用酵素化粧水，不出三天症狀即可減輕，一週後不再長頭皮屑。因為污物已被酵素分解，並且不留形骸地排出。每日洗髮容易失去油脂，反而影響效果。通常以三天洗一次最恰當。

酵素原汁的內服、外用的原理與效果相同。添入酒精的原因是為了使酵素滲入頭皮而蒸發污垢。

不過，完全禿頭的人，經過此種療法而有一頭烏黑秀髮的病例，至今尚未發現，理論上雖然行得通，但在臨床上尚無例可循。

此外，皮膚過敏或過敏性體質的人，對於酵素化粧水也許會過敏，若有起斑疹等現象，應立即停止使用，此項請務必遵守。

⑺ 治療不孕症

不孕症指在一年或更久的定期性行為後，無法在排卵期受孕，其原因有很多，通常由荷爾蒙失調造成。此處就最大的原因，即酸性體質進行討論。

喜好魚類、肉類、殼類等食品的人很多。這些酸性食品都很好吃，例如，國人每天所吃的米飯就是酸性食品。

但是，持續食用酸性食品會使血液傾向酸性，造成膽固醇過高、動脈血管硬化等疾病。

現在讓我們來重新認識酸性體質可能帶來的疾病。

酸性體質的女性，所生下的子女有智能不足的傾向。造成這種現象的原因尚未完全清楚，不過，有一點是極有可能成立的情況。即母體酸性度過強，使體內的酵素難以活動，於是在製造胎兒的基礎腦細胞時，可能受到某些影響。

其次是乳汁分泌不足，此項也可能影響孩童的成長。酸性體質母親所產下的女嬰，在成長過程中，胸廓的發育遲緩，長大後胸部都不豐滿。

酸性體質多不孕症及難產。影響骨盆發育是其原因之一。

一般而言，酸性體質的人，無論男女罹患心臟病的比率較高，體質也弱，容易患有神經方面的疾病。細胞的生命力也較脆弱，是引起胃潰瘍、十二指腸潰瘍及其他疾病的導因，不易治癒是其缺點。

健康的身體，血液是呈弱鹼性狀態。此種狀態使得經由食物、呼吸而進入人體的各種病原菌無法生殖與生存，才不易得病。

酵素有淨化血液的作用。能夠分解血液中的脂肪，使酸性血液改變成弱鹼性血液。

酵素群不足、減少，或活動能力減低時，人體即呈酸性體質。

每天食用酸性食物是造成酸性體質的直接因素。因此，雖然植物性的鹼性食品並不好吃，但仍有進食的必要。

服用酵素原汁雖然能夠製造弱鹼性狀態，但是，日常的均衡飲食才是正當之道。

⑻ 治療風濕症

二十～三十幾歲的女性，一旦罹患慢性風濕症，即使服用酵素原汁也很難治癒。

風濕症是一種由鏈球菌引起的感染。全身關節發炎，並伴有疼痛的疾病。這種腫痛會由一關節傳至另一關節，可能還伴有皮膚出疹。

初期狀態是膝蓋疼痛、發炎、僵硬，以及發燒。此期使用酵素，一百例中約有二十～三十例的治癒率。

使用方法是斷食一週，並於期間每天服用二百cc的酵素原汁。酵素對於炎症有分解排除病毒的功效，二～三天即可減輕疼痛。但是，根本治癒仍需耐心長期治療。

使用酵素原汁治療法，初期者需要二～三個月，慢性病患則需要六個月以上的時間，由於發炎部位在關節，必須儘可能不移動關節，以免刺激發炎部位，使病情惡化。

醫生治療常建議服用抗生素以預防心臟受損，因此，服用嗜酸菌，以補充體內的良性菌。

一般的治療方法是採用荷爾蒙鎮痛劑及熱敷，使用酵素療法時，最好也併用以上數種方法。特別是慢性病患一定要持續治療。

慢性風濕症者在服用二百cc（每天）酵素原汁的同時，必須持續斷食一個月，以期達到細胞大改革的目標。

以上只是過去的治療經驗，病患若有心實行仍需請教專家較為妥當。

⑼ 治療宿醉

① 酵素能夠分解血液中的酒精

酒精對人體的某些作用包括失去抑制力和損害大腦、肝臟、胰臟、十二指腸、中樞神經系統。酒精對每一個細胞造成代謝上的傷害及壓抑免疫系統。長期繼續喝酒，他的壽命可能縮短十幾年。

如前述，酵素能夠治療各種疾病，與各種生命現象也有直接或間接的關係。酵素的基本功能是促進細胞、血液、淋巴液、消化等的代謝作用。酵素能夠維持整頓體內環境，防止及治療疾病。

以下以宿醉為例，讓各位進一步了解酵素的作用。

宿醉的現象相信很多人知道，即飲酒過度，翌日仍呈酩酊狀態、頭痛欲裂、對於強光及尖銳的聲音特別敏感……等。這些現象是酒精成分超過血液容許量七％所引起的急性酒精中毒。

此時，只要服下酵素原汁，即可在極短的時間（三十～六十分鐘）內醒酒。酵素的分解作用可以減少血液中的酒精，並將分解後的物質隨著汗、尿排出體外。這種分解、排泄過程需要動用數千種酵素群，大家分工合作才能完成。

宿醉使體內環境急遽惡化，神經呈現輕度麻痺或過度敏感。酵素急速增產以排除體內的酒精。奈何人們不知天高地厚，大量酒精不斷下肚，使生產酵素的消化器官也都醉了。酵素生產不足，神經麻痺，手腳不聽指揮，自然笑話百出。

②飲用酵素不易醉倒

正常人的體液是呈弱鹼性狀態。當酒精進入人體，使體液漸呈酸性時，酵素有還原成弱鹼性的作用。但是，當酒精的酸性化速度快於酵素的解酒速度時，就會呈現宿醉現象。此時，必須由外界送入援軍才能打敗酒精，即服用酵素原汁。

疾病也是一樣，某處的細胞發炎，病毒流竄體內，酵素的活動機能自然受到影響。此時，必須由外界送入援軍，才能抑制炎症、加強受損細胞的自然治癒力、解毒、排毒、促進血液循環、補充營養。

整個「事件」必須酵素總動員，稱為「體內環境的整頓作用」。

因此，各位愛好杯中物的癮君子，防止宿醉的最佳辦法是飲用酵素原汁。

不勝酒力的人在喝酒前三十分鐘飲用六十～一百cc的酵素原汁，就不容易醉倒。功效為個人酒量的二～三倍。酒量奇佳的人，在酒後睡前喝六十～一百cc酵素原汁，可以避免翌日的宿醉。

⑽治療陽痿症

①酵素治療的副作用

一位婦人結婚十年尚未有子。曾經拜訪各地名醫，也曾一再燒香祈求，但是仍然一直無法懷孕。後來因罹患慢性疾病而持續服用酵素原汁，在施行酵素療法的兩個月之後，喜孜孜地「懷孕」了。

實施酵素療法後的第三週，婦人突然有一種奇特的感覺。一個月後到婦科醫院檢查，證實的確懷孕。

婦人不但治癒了長年的慢性病，也喜獲一子。如今已經三歲。

酵素原汁的確有提高卵巢機能的功效。但是，親眼目睹之病例，此件還是頭一樁。

酵素能夠使功能衰弱的卵細胞起死回生，提高生殖機能。但是，對於子宮前傾、子宮後傾等子宮異位不孕症，酵素療法無法治療。不孕症的原因極為複雜，一切還是接受專家的指導較為妥當，千萬不可自行揣測。

②治療六十歲男性的陽痿症

陽痿可能的原因包括：精蟲少、血管末梢疾病、糖尿病、使用藥物、香菸、酒精、心理因素等。一般的陽痿是指勃起不全等性交不能症。

陰莖如果無法勃起、早洩或無法射精，將使卵子無法受精。

陽痿的心理因素，可能是過去失敗的性行為或是性器自卑感、性的無知、失戀、家庭問題、工作壓力等造成的。

酵素對於男性也有增強精力的副效果。

幾年前的某日，一位六十歲的男性到醫院診治。他佝僂的身子，有氣無力的說話聲，蒼老得好像已經七十歲了。

診療目的是全身無力、沒有毅力，即所謂的神經症。調查此位男子的家庭狀況，發現他經常躲在暗處，過著孤獨的生活。其妻只有五十二歲，精力充沛。從為兒子找媳婦，到手工藝、彫刻、編織樣樣精通，儼然是一家之主。

至於談到性生活方面，已有十年中斷，其妻熱衷手工藝也是從那時開始。這些情況讓人直覺到他的病因是精力衰退。

神經症的特徵是情緒不定、喜歡訴苦、往往伴有自律神經失調症等。患病原因至今不詳，不只是複雜的社會結構與人際關係，使病患的內心積壓太多不滿，久而久之造成神經組織的錯亂。

醫生指示他斷食一週，斷食中每日二百cc，斷食後每日六十cc的酵素原汁與普通食物併用。服用時間一個月。

斷食結束後，他那股雄姿英發的氣勢，讓醫生差一點認不出是他。他很愉快地說明治療經過「斷食進行中，首先消除胃部的不快感，其次是大便通暢、食慾漸增。體內的精氣逐漸飽滿，終於在昨夜完成十年來的遺憾……」他時而語調高昂，時而羞怯面紅地述說著。

酵素對於細胞有賦活作用，可以使睪丸的細胞新生，同時能夠淨化血液，排除微血管中的廢物，促進血液循環，加強新生細胞的活動。

飲用酵素原汁達到增強精力的實例已經不下數十個，其效果已獲確定。

由於效果沒有男女之別，如果夫妻有床笫失和的現象，不妨同時飲用看看。

⑾治療胃癌

①酵素原汁可以破壞小白鼠的癌細胞

雖然大家對於「酵素能夠抑制癌細胞增殖」這件事情的意見分岐，我個人依然認為酵素對於早期的癌細胞確實有效。不過，對於轉移至其他器官的末期癌症，酵素也是毫無辦法。

對於子宮癌、乳癌等，利用手術切除有痊癒希望的癌症種類，仍然建議採用現代醫學的治療法。

話題轉到酵素對於治療胃癌的證據。

「摘出白鼠身上，活的癌細胞，滴下酵素原汁。五～六小時之後，癌細胞的外層皮膜開始剝落，到第八個小時，原形質的卵狀原體剝離，癌細胞完全被破壞。」

以上只是實驗，不一定完全適用人體。以下是我的經驗。

某位中年女性罹患胃癌，持續五年服用酵素原汁（每日二百cc）之後，使當初如雞蛋大的惡性腫瘤縮小如鴿蛋。

患者在使用酵素初期尚有癌症的特有病識（感覺自己生病）二～三個月之後症狀完全消失，容貌也與平常人一樣。沒有痛楚，也沒有體力衰退的現象，此狀態持續五年。

患者以為病已痊癒，曾經一度中止服用酵素原汁，事隔不到一週，體力突然衰退，臉色惡劣。

經過一番詳談之後，指示繼續服用酵素原汁，病情才又好轉。

②森田療法治療胃癌

由以上兩個實例，可以知道酵素的分解作用，能夠不斷分解癌細胞，並且對癌細胞分泌的病毒進行解毒。患者持續服用酵素原汁，保持體力並阻止癌細胞的擴展。酵素與癌細胞保持均衡的狀態使患者即使體內有癌細胞也能過正常的生活。

依經驗，酵素療法配合鈷六十照射是最有效的治癌方法。因病人的體力及病情做摘除手術也是方法之一。

⑿對公害病頗具威力

受過污染的土壤、大氣、海洋、食物將有害異物帶入人體，妨礙體內的正常機能。這就是公害病。

治療公害病的目的是排除體內的異物，並使體內機能恢復正常。

現在治療公害病大都採用斷食療法（水分除外）。其理論是利用斷食來斷絕體內營養的補給，使體內細胞自行消耗過去儲存的養分。細胞逐漸消瘦，之間的空隙增大，可以將附著在細胞上無法分解的重金屬類排出體外。

此種斷食法為專家學者的理論，必需經過數週或數日的長期斷食才見效果。不適用於體質衰弱或因公害病而衰弱的人。

我所使用的斷食法不但可以飲用水，同時可以飲用酵素原汁，效果也比其他斷食法為佳。

酵素原汁大部分是醣質與水分。

構成細胞的要素是蛋白質，不是醣質。因此，只要食物中不含蛋白質，即可達到斷食的效果——使細胞消瘦。而醣質是人體的能源，可以補充各器官的動力，使斷食者不致於營養不良而衰弱。因此，我認為酵素斷食法是最理想的方法。

酵素原汁有多種酵素，含有排解異物，治療炎症，促使細胞新陳代謝，殺死病原菌等的綜合性功能。

酵素原汁的連續斷食療法將是今後公害病的剋星。

2.酵素為何也能治療疑難雜症

(1)治癒腦中風的實例

我對於酵素發生興趣是在二十年前，實際臨床使用酵素原汁則在十二年前。

起初，我只是一個西洋醫學的修習者，對於酵素原汁的認識非常模糊。直到有一天，我無意間使用妻子的酵素化粧水去頭皮層，由於使用時有一種爽快感，於是持續使用。

一個月以後，妻子突然向我大叫：「你脖子上的褐斑不見了！」我驚訝地跑去照鏡子，本來頸部上大大小小的斑點真的完全不見了。這是為什麼？

我仔細思考：可能是去頭皮層時，習慣性地將化粧水抹向脖子，每天一次的結果，使酵素發揮了功效。

看到這種情況的妻子，也開始對自己額頭上的黑斑施予酵素化粧水。黑斑的色澤逐漸趨淡，一個月之後完全消失。

這就是引起我研究酵素的動機。而第一次用在醫療上的是胃潰瘍。其結果後文再詳述。

此後二年之間我熱衷於酵素原汁的使用與治療。只要有接受酵素治療病患的地方，不管是如何的窮鄉僻壤我都願意前往診治、追蹤。

現代醫學所說的「腦血管障礙」，包括腦中風、腦血栓、腦梗塞、蜘蛛膜下腔出血等。一般性腦中風的三大前兆是：頭眩、目眩、麻痺（手和指甲部位）。

十年前，我曾經治癒一位腦中風、半身不遂的五十五歲農夫。

腦中風是腦中部分出血，造成腦中樞麻痺的疾病。腦中樞分為運動中樞與語言中樞，老農夫所患的是運動中樞麻痺。

其他醫師指示老農夫必須安靜休養，每日服用數種藥物，但是症狀一直沒有好轉。當他耳聞酵素療法之後，乃一再託人希望我能出診一趟。

我開著汽車於深夜來到山中的小村莊。

農夫過去強健的身體，如今已被病魔折磨得不成人形。做完基本的診斷之後，我指示他持續斷食一個月，每天除了飲用二百cc的酵素原汁之外，絕對不可進食。一個月之後解除斷食，但仍需每天服用一百cc（分三餐），時間持續半年。並且指示一些注意事項及緊急處理方式。

回家後，由於事情繁忙而逐漸忘了這件事。

十個月之後，由於到附近出差，突然想起此事，於是在車站打了通電話，想詢問一下老農夫的近況。

「我爸爸現在不在家！」接電話的是他的兒子。

「騎機車上街去了。」

我以為對方在騙我。表明醫師身分，詳細詢問才知道事情的原委。

十個月以前，我來為老農夫診斷之後，他開始服用酵素原汁。不到一週的時間，已經能夠自己上廁所，一個月之後手腳能夠自由行動。三個月之後能夠到戶外做些簡單的運動，十個月之後的現在，已能輕鬆地騎機車了。

腦中風是因腦血管出血，導致血塊壓迫中樞神經，使神經麻痺所致。一般療法是先止血，然後取出腦中的血塊。使用酵素不須開刀，因為它有強化細胞、促進細胞增殖、分解排出異物（血塊）的功能。完全沒有危險性，是最理想的腦中風藥物。

酵素的功能不是現代醫學，特別是一般藥品所能做得到。雖然從很久以來我就相信酵素能夠治療腦中風，但是，一直到醫好老農夫的病之後，我才確信自己的論點。

⑵酵素的六大作用

酵素為什麼能夠治病呢？酵素的作用一共有六種：①體內環境的整備，②抗炎症作用，③抗菌作用，④分解作用，⑤血液淨化作用，⑥細胞賦活作用。以下依次說明。

①體內環境的整備

此種功能是保持血液的弱鹼性，去除體內異物，保持腸內細菌均衡、強化細胞、促進消化、加強對病原菌的抵抗力。

②抗炎症作用

也是一種體內環境的整備作用。所謂炎症是指細胞局部受傷、破壞，病原菌在此處築巢、成長而引起的發炎。實際上，酵素並無治療能力，但是它能運來大量的白血球，給與細胞治療傷口的力量。

不論何種疾病，最基本的治療仍是依靠人體的自然治癒力。即使是特效藥、抗生素，也只能消滅病原菌，無法新生細胞。

③抗菌作用

酵素除了促進白血球的食菌作用，當急性病或發炎時，白血球的數量會急速增加，對抗外來細菌，有抗菌作用，即消滅原菌。另一方面，酵素有促進細胞新生的作用，可以根本治療疾病。

④分解作用

這是酵素的重要功能。分解、排除患處或殘留在血管內的膿水、污物，使身體回復正常狀態。此外，促進食物的消化、吸收也是分解作用之一。如醣類分解為單醣，蛋白質分解為氨基酸，脂肪分解為脂肪酸或甘油，才能被身體所吸收及利用。

⑤血液淨化作用

人體中的氨基酸代謝，會產生阿摩尼亞等有害物質，若血液中的阿摩尼亞濃度過高，將使人陷入昏睡狀態，而體內的酵素能將阿摩尼亞，轉變成低毒性的尿液排出體外，如果沒有這類酵素的作用，人體內將充滿有害物質。

酵素能分解、排泄血液中的廢物以及炎症所產生的病毒。此外，還能分解膽固醇，使血液保持弱鹼性，促進血液循環、治療禿頭、肩膀酸痛、跌打損傷等疾病。

⑥細胞賦活作用

酵素能在常溫中進行氧化反應，以產生熱量，並將熱量儲存起來，視體內需要適時將熱量釋放出來。這些熱量的儲存和利用，完全都是靠酵素的作用。

因此，酵素有促進細胞新陳代謝的作用，是產生基礎體力的一環。另外，還可促進受傷細胞的新生。

酵素對於疾病的作用大抵分為以上六種。其作用是同時進行，而非依次單一進行。因此，所需時間比一般藥品稍微長一點。其效果不只是針對疾病、傷口患部的醫治，而是對於全身的根本治療。

(3) 酵素的全身作用

從事十多年的酵素醫療研究，讓我感觸最深的是，病人在服用酵素期間，體力有日漸好轉的現象，這種現象是一般藥品所不及的，也是使我益發喜愛酵素的原因。

我在東京的酵素醫學研究所進行基礎研究時，曾經到鄉村進行實地研究。為何要在山地展開診療活動呢？因為在此可以從病發到痊癒，全盤而徹底地觀察酵素療法的功效。一面研究一面將所得結果應證在病例上，這對研究者而言是最令人興奮的。

根據我的研究，酵素與一般藥品有許多的不同點。以大項目來分就有十一項。首先是產生體力，其次是治病。

這其中意味著酵素治療是利用全身的作用而治癒疾病。相對地，藥物治療是利用藥品壓抑痛楚以自然治癒力治癒疾病。

酵素與一般藥品的最大差別在於藥品不能增強體力。其次是酵素原汁完全沒有毒性。原料完全來自於蔬菜、水果的發酵品，吃得再多對身體也無害處。而藥物大多數有毒性，使用量受到嚴格的管制。由此可見，酵素與其製品——酵素原汁是理想的藥品之一。

⑷與一般藥品併用效果更佳

酵素原汁雖然比一般藥品優秀，藥效卻比較緩慢，無法快速止痛。為了彌補這個缺點，採用的方法是先行止痛，再施予酵素原汁根本治療。

結合酵素與近代醫學的作法雖然有些瘋狂，卻的確有驚人的效果。

例如，一種名叫「癰」的惡性腫瘡。如果以抗生素治療，需等膿瘡腫到某個程度之後才能開始治療。同樣的膿瘡，若使用酵素原汁治療，無論膿瘡大小均能立即發揮功效，使其逐漸縮小。假設使用抗生素需要十日，使用酵素原汁

一般藥品與酵素原汁的不同點

	一般藥品	酵素原汁
1.治療法	對症療法	根治療法
2.速度	速效性	遲效性
3.使用量	嚴格規定	沒有嚴格規定
4.副作用	強烈的副作用	沒有副作用，僅有偶爾的特殊反應
5.經過	藥效很快，但是一旦不吃藥馬上回復原狀	加強體力之後才能治病
6.效果	一旦回復到⑤的情況將很難治療	藥效較為緩慢、不明顯，需有耐心
7.使用時間	避免長期使用	儘可能長期使用（可少量長期持續使用）
8.適應症	限定適應症	適應症極廣泛
9.藥效範圍	限定在單一或狹隘的範圍	藥效廣泛而複合
10.併用	與其他藥品併用時必須慎重處理	可以自由地與其他藥品併用
11.毒性	某些藥物對細胞有強烈的毒性	完全沒有毒性

（註）所謂適應症是指可由藥品來期待效果的疾病

只需七日的時間即可治癒。

如果將抗生素與酵素原汁混合使用，則只需花費五天的時間，是單獨使用抗生素的一半時間。換句話說，抗生素與酵素併用，具有加倍的效果。

因而提早治癒的病例已不下百名。除了「癰」的例子之外，還有許多其他例子。

肺結核造成肺穿孔時，通常需要數月才能痊癒。如果併用酵素原汁與抗生素，只需要一個月即可將穿孔部位填滿。

除此之外，胃潰瘍、氣喘都是常見的治癒病例。

兩者併用發揮驚奇效果的理由一定很多，但是在學理上尚無明顯的證據。根據我個人的推論，一般藥品都具有優良的抗菌性，如果再加上具有增強體力、抗菌作用及細胞賦活作用的酵素原汁，發揮數倍效力是意料中之事。

這種想法與漢方醫學極為相似。

⑸ 根本治療的特性

酵素的特性當中最引人注意的是廣泛的適應症。從惡性腫瘤（癌）到青春痘、黑斑均具功效。

除此之外，還有許多副效果。例如，主要的目的是治療胃潰瘍，但是，在不知不覺之間也治好了香港腳。想要治療嚴重的肝病，沒想到使粗黑的皮膚變得白嫩。

為什麼會這樣？其理由何在？

酵素療法需要長期治療是其特徵。想要在一小時或半天內發揮功效是絕對不可能的。即使是青春痘、黑斑、雀斑也需連續服用一個月左右才能見效。不管是大病還是小病，中途停藥都將前功盡棄。

酵素治療需要長時間的理由是，它不只是局部治療，而且是整體的根本治療。

以膀胱炎的治療過程為例。

身體健康的人，一旦發現體內有病原菌，血液中的白血球會將其包圍，並利用食菌作用殺死病原菌，保持健康。

膀胱炎的特徵是急切的想排尿。不僅頻尿，而且排尿時會痛；即使膀胱已無尿液，但可能仍有尿意；尿中帶有刺鼻臭味及混濁狀。

罹患膀胱炎是因為某種原因（例如體質衰弱）使得白血球的食菌作用減低效能。補救方法是給與藥物治療。由抗生素代替衰弱的白血球，直接殺死病原菌。抗生素的藥效速度非常快。

然而，酵素治療的方法正好相反。酵素幫助逐漸衰弱的白血球，再由白血球自己殺死病原菌。

如果原因是身體疲勞，首先消除疲勞。其次，提高器官的功能，同時加強白血球的活動。換言之，是在加強病人的體力。有了體力，自然會有「自然治癒力」。

酵素也有抗菌作用，也能局部殺死病原菌。但是，由於酵素的原本功能在於恢復體力，提高自然治癒力。因此，在藥效與止痛的速度上都比一般藥物稍微遲緩一些。

人體健康，體內的各種條件均很順暢，自然治癒力也很旺盛，足以抵抗少數的病原菌，不易得病。

酵素具有廣泛的適應症及副效果，其顯著的效果非一般藥品所及。

⑹迅速吸收特效成分

酵素原汁不僅有治療疾病的效能，對於肩膀酸痛、疲勞、無力感、情緒不佳、頭重等非疾病的不愉快症狀，也有特殊效果。

這些症狀雖然極為輕微，卻是發自體內的通知信號，若能及早治療，就不致釀成大患。

這種狀態不必特別斷食。每天六十cc，分起床時、就寢前二次服用，只需一星期即可奏效。此種飲法是一般飲用法，可以保健康，適用於任何人。但是，需持續使用一段期間（至少一個月）才能發揮功效。

酵素原汁也是食品。蘊藏在薏仁、蘆薈、大蒜、香菇等健康食品中。不過，它與一般食品有二點不同。

一、酵素原汁含有數千種的酵素。酵素的複合度比其他任何健康食品都高，可謂為健康食品之王。

二、酵素原汁與被胃消化分解的狀態相同，能夠立即被小腸吸收，輸送至全身，提高效果。服用藥品的奏效速度約為二十～六十分鐘。注射為三～五分鐘。服用酵素原汁，介於兩者之間。

一般的健康食品，首先需要在胃進行消化分解，然後再到小腸進一步分解、吸收特別成分。其速度與普通食物相同，約需二小時。

酵素原汁略勝一籌的理由有二：

一、胃沒有負擔。尤其是罹患胃病時，胃部根本不必勞動。

二、含有大量的良質醣類，可立即轉換成能量以供使用。

這種高效率的食品除了酵素原汁之外，尚無出其右。即使是健康食品也忘塵莫及。

(7)沒有副作用，可長期服用

酵素與一般藥品的藥理作用完全不同。沒有副作用，可以長期服用，有助於重病或難治之症的治療。依照經驗，六個月之間，每天服用六百cc的酵素原汁，連一些醫學上認為難治的病症也有治癒的病例，而且完全沒有副作用。

但是，人體的差異非常大。某些人對於植物性複合酵素有過敏現象。不過，反應程度與頻度均很輕微，一千人當中只有二十~三十人有此現象。

以下介紹酵素原汁可能造成的反應部位與現象。

①胃部的反應現象

- 噁心、反胃。
- 悶痛。
- 食道、胃部稍微灼熱感。
- 胸口悶燒（極輕微）。
- 想吐（極輕微）。

・胃痛（極輕微）

②腸子的反應現象

・下腹悶痛。

・感覺腸子稍有刺激，大便變軟。

・腹脹。

・一點點的痛楚。

③神經系統的反應現象

・目眩（極少）。

・頭重（輕度）。

・輕微悸動。

④皮膚的反應現象

・輕微發疹（很少）。

・發癢。

⑤子宮的反應現象（女性）

・月經以外的出血、白（赤）帶。

・生理期的短暫性出血過量。

⑥疾病治療者的反應現象

・疾病症狀暫時性變強。

例如，腎臟病者突然尿蛋白增加。

帶有咳嗽症狀病患，咳嗽次數一時增加許多。

以上各種反應，胃、腸方面約為一千人之中二十例。皮膚方面稍多約三十例，神經系統方面約十例，其他均為少數。

引起反應的原因至今不明。但是根據分析，體質特異的人，對於藥物大都有過敏的反應。不過，從未聽說酵素原汁置人於死地或使病情加重的病例。

・反應輕度而想繼續飲用酵素原汁者，請注意以下事項：

A.不可空腹飲用

飯後飲用，可使腸胃緩慢吸收，減少反應。分量不變。

B.飯後飲用仍有反應時，分量減少一半。如果還有極輕微反應，分量再減半。再有反應，分量變成三分之一。按照經驗，只要分量減半，大抵不會再產生反應。

沒有反應之後，同樣的分量持續二～三天。然後逐漸增加分量，回復到原來規定的分量。不可一次增加太多。

依照經驗，十人中約有八人可在七～十天內回復到原來的分量，並且不再發生反應。

經過各種經驗，發現「反應」可能是治療的一個階段。前面已經說過，酵素能夠改換細胞體質。因此，如果體質特異的人能夠按照指示方法持續服用酵素原汁，體質將獲改善，日後對於任何藥物都不會有過敏現象。

由於此種反應並非一般藥物過敏，即使是極輕微的反應也會引起飲用者的不安。其實根本無需過分憂慮，只要持續服用一段時間，反應自然消失。

⑻酵素原汁是高度的複合性酵素

市面上所販賣的酵素原汁到底是些什麼東西？

氣味——甜中帶酸。這種帶餿的酸味來自於發酵。依照作法、材料的不同而有些差異，但是原則上均相同。自製的酵素原汁，酸味沒有那麼重。那是因為原料、發酵過程與廠商不同，而所含的酵素種類也比較少。

味道——甜而略帶土味是其特徵。甜度多寡各家不同，只是好不好吃而已，並不影響品質。

酵素原汁的成分，約有一半是蔬菜、水果的水分，另外一半是醣質。極小部分是酵母、有益細菌、食用黴、蛋白質、脂肪、礦物質、維他命等。成分表如七十六頁所示。

酵素原汁的酵素複合度依照原料種類的多少而不同。所示的成分表約使用七十種原料，溶入數千個酵母及酵素。家庭自製的酵素原汁，材料種類不多，複合度也不高，但是仍有各種效能。

酵素原汁成分分析表

酵母菌	41000/mm³
酸鹼質	5.13
水分	44.15%
碳水化物（醣質）	55.30%
蛋白質	0.11%
脂肪	0.40%
灰分	0.03%
維他命群，礦物質、有益細菌、食用黴 } 各種	
植物性酵素群，微生物性酵素群 } 約100種	
卡路里	100cc中約220kcal

市面上販賣液狀酵素的材料大都是以蔬菜和水果為中心，再加上海藻、樹汁、藥草等。原則上，種類愈多，藥效愈高，治療的範圍也愈廣。

酵素原汁是由發酵而成，其中也稍微涉及釀造。

所謂釀造是微生物分解有機質。此處的微生物就是酵母。

複合溫度、濕度、光線、空氣中的微妙要因，經過酒精發酵、腐敗，醣質分解出酵素。此時的注意事項詳載於「家庭酵素原汁的作法」，實際製作時必須注意。有關市販的酵素原汁詳細情況請參照第六章。

第三章　短期奏效的簡單健康法

——伊藤式24小時酵素斷食法——

1. 酵素斷食法適用病症

①頭痛、肩膀酸痛、脖頸酸痛、冷感症、暈眩、疲勞、失眠、腰痛、食慾減退、體質虛弱、過敏性體質、貧血、宿醉、低血壓、神經衰弱、歇斯底里、痔瘡、自律神經失調症、口腔炎、胃炎、月經不順、不孕症、習慣性流產、生理痛、更年期障礙、濕疹、蕁痲疹、黑斑、青春痘、面皰、香港腳、禿頭、蓄膿症、消瘦、便秘、下痢。

②醫院診斷沒有毛病卻又覺得身體不適者。

③希望改善體質、恢復健康、增進健康者。

(1) 實施健康法前的注意事項

以上所介紹的症狀或疾病，可謂包羅萬象，都是因為懶得看醫生或疏忽所引起。這種沒有明顯症狀卻又有不舒服的自覺症狀，可說處於健康和疾病之間，稱為「亞健康狀態」。中醫學稱為「未病狀態」，現代醫學稱為「第三狀

健康人的正常值

血壓	最高血壓＝$\left(120+\frac{\text{年齡}-20}{2}\right)\pm 5$
紅血球	男　470～550 萬／mm^3 女　400～500 萬／mm^3
白血球	4000～7000／mm^3
血糖值	60～100 mg dl（空腹時）
膽固醇	150～200 mg／dl
脈搏數	60～80／分
體溫	約 36.7 ℃
呼吸數	16～20／分
體重	身高－110（160 cm以上） 身高－100（159 cm以下）

態」或「過度疲勞綜合症」

相信大家經常聽到某某人突然心脈血管阻塞死亡，某某人急性胰臟炎死亡……等事件。前幾天還在一起工作、聊天的人，今天突然死亡，不禁令人唏噓不已，這其中意味著平日身體保養的重要性。

在實施「二十四小時酵素斷食法」之前，建議您做一次健康檢查。發現疾病時，一定要與醫師商談。

健康人的正常值如上表所示。

第1階段——準備

選擇假日或晴天進行第一天

首先，必須實施二十四小時的酵素斷食（只喝酵素，不吃其它食物），使體內的廢物排出。

其次，每天服用酵素原汁，目的在整備體內環境。期間以二十九天或三十天為一單元。

通常亞健康人實施一個單元即可痊癒。但是，極度肥胖、便秘、月經不順等症狀者，一個單元仍無法治癒，此時請參照第四章「減肥特效療法」或第五章的慢性病治療法。

為什麼需要花費三十天的時間呢?第二章已經說明過，酵素原汁與一般藥物的性質不同，一切從根本治療，藥效當然緩慢，但是效果確實，又無副作用，非常安全可靠。

酵素的主要功能是平衡體內環境。凡如飲食、睡眠、運動、排尿、排便等均包括在內。在平衡體內環境的同時，也建立了健康的身體。

※　　※　　※

三十天的時間不算短，選擇一個情緒特佳的日子做為開頭，成功率可大大提高。

男性可選擇一個輕鬆、愉快又晴朗的休假日。女性則最好選擇生理期結束後的第一個週日或休假日。

總之，好的開始是成功的一半。再加上第一天除了酵素原汁之外，必須斷食，一定要挑一個情緒穩定的日子才好。此外，斷食中沒有空腹感或疲勞感，不妨礙平常的工作或家事。

某位小姐（二十五歲）信奉酵素的健康法，每年一定在十月份生理期結束的第一個星期日開始進行一個月的酵素斷食法。據她所言，想要度過繁忙的年尾，充分享受冬季運動的樂趣，惟有酵素斷食法才能保障她的健康……。聽說她最近還被推薦參加健美小姐的比賽。

(2) 製作健康計劃表

此表是管理您健康的計劃表。若嫌太小，可放大貼在牆壁，以利登記。此處最重要的是，記得每日將固定分量的酵素原汁於固定的時間內喝完。其次是寫入每日的生活週期，回顧自己的生活，找出應該反省事項。例如，從起床時間、就寢時間了解睡眠週期。

肥胖者可以填入體重的變化，目睹自己變瘦的樂趣。

女性請記入基礎體溫。準確的基礎體溫可以觀察出女性的性週期及易受孕日、不易受孕日等。測量方法是用婦女體溫計（藥房有賣），於每天起床時在床上測定。

製作計劃表的目的在於隨時提醒自己——健康由自己創造。同時，計劃表是您的健康病歷表，能夠給與適切的指導。因此，看醫生時，最好能夠附上健康計劃表，讓醫生更了解您的健康狀態。請儘可能詳細填寫。

30天的健康計劃表

月日	日數	酵素原汁			生活記錄			體重	基礎體溫（女性）
		朝	中午	夜	起床時間	就寢時間	排便次數	現在體重 −15 −10 −5 0 +5	36.0 36.5 37.0
	1	60 cc	60 cc	60 cc					
	2	30	▲	30					
	3								
	4								
	5		（第一天酵素斷食）						
	6								
	7								
	8								
	9	▼		▼					
	10	（早上一起床，馬上喝30cc）		（晚上就寢前喝30cc）					
	11								
	12								
	13								
	14								
	15								
	16								
	17								
	18								
	19								
	20								
	21								
	22								
	23								
	24								
	25								
	26								
	27								
	28								
	29								
	30	▼		▼					

〔注意〕

①請遵守服用固定量的酵素原汁。

②請填入起床、就寢時間及排便次數。

③體重座標以現在的體重為0，減量往左，增量往右填寫。

④從第二天開始，飲食必須完全遵守指示去做。

⑤每日填寫計劃表。

⑶ 費用低廉

實施酵素療法必備二樣物品：

①植物性複合酵素液：二大瓶（每瓶一千～一千二百cc）

②灌腸藥：一個

植物性複合酵素液（酵素原汁）有液狀與粉末狀二種。購買注意重點詳記於第六章。

一大瓶酵素約一千元，每月約需花費二千元。乍看之下似乎很貴，但是換算一下，每天只需六十元左右，等於一杯咖啡的價格。還有什麼比這個更便宜的健康法呢？

第2階段——實施24小時酵素斷食法

早上實施體內大掃除

第一天清晨一起床，不管有沒有便意，都請立即灌腸。目的在排出殘留在腸內的陳便（宿便）。根據臨床報告，宿便在腸內異常發酵會產生毒素，損害健康。因此，一定要將宿便排出。

灌腸的方法是將藥劑深深插入肛門。敏感的人在管子插入時即有便意，但是絕對不可急於上廁所。必須等五～十分鐘，讓藥水充分進入直腸後，再一鼓作氣排出來。

請不要使用瀉藥代替灌腸。因為容易造成習慣性，使下次的排便非用瀉藥無法順利排出。而且可能有副作用，最好避免。

2. 24小時酵素斷食

第一天早上，灌腸排便之後，開始一天的斷食，一天三餐的時間只喝酵素原汁。

①斷食中的酵素食譜

【材料】

酵素原汁六十cc，冷開水一二〇cc，檸檬汁（少量）。

【作法】

將六十cc酵素原汁倒入冰冷的玻璃杯中，其次緩慢倒入二倍的冷開水，攪拌均勻。加入檸檬汁較為可口，加或不加均可。

【飲用方法】

上午、中午、晚上各飲一杯。

飲用前加冷開水稀釋酵素原汁。

②第二天的食譜

從第二天開始，每天起床後、就寢前各飲一次。每次三十cc酵素原汁加九十cc的冷開水。

三餐按照平常飲食，但是以八分飽為目標。持續時間三十天。

3.斷食中可能發生的現象

酵素斷食可能使體內產生各種變化。

酵素促進新陳代謝，使消化器官的機能亢進，大量排出廢物。

其結果可能發生放屁、出汗、多便、多尿等現象。汗水帶味，尿也帶黃。這些都是酵素在體內進行大掃除的證據。

沒有空腹感，甚至有膨脹感。可能發生短暫性的全身發紅、長青春痘、濕疹等現象。

這些都是前面所述的「反應」，漢醫稱為「瞑眩現象」。根據漢醫的解釋：「瞑眩是由於中藥、針灸或酵素斷食所引起的暫時性身體防禦反應。」一段時間之後即完全消失。反應強烈時可減少飲用量，反應自然消失。反應消失的同時，也是治療的開始。不久，身體狀況就會逐漸好轉。

第3階段——第二天之後的飲用方法與生活

從第二天開始早晚各飲三十cc

您的一天斷食活動是否圓滿完成了？不像當初想像中那麼痛苦、疲勞吧！

緊接著進入健康法的第二回合。

從斷食結束後的第二天開始，每天謹守①飲食，②睡眠，③排便，④運動等四項生活規律。這是健康法的基礎，目的在尋求人體與自然攝理的調和。其中任何一項沒有保持規律將會降低效果。

就一生的健康而言，三十天的時光不算長，因此，在儘可能的範圍內確實施行。三十天以後最好也繼續維持此習慣，可以永遠保持健康。

從第二天起，每天早晚各飲三十cc的酵素原汁，持續二十九天。

過度肥胖、嚴重便秘或月經不順者，請參照第五章的「減肥、美膚特效療法」或第五章的「漢藥與酵素治療慢性病」的治療法，確實實行。第一天仍要施行二十四小時酵素斷食法。

規律的飲食

第二天開始吃些什麼？

斷食後的第二天起，謹守飲食規律。挑選營養均衡、味道淡薄的食品，三餐定時，以八分飽為標準。

不必特意進食流質食物，按照平日菜單即可。因為斷食時間只有二十四小時，再加上胃中有酵素原汁，斷食結束後不必考慮胃的負擔問題。

【注意事項】

①成年男子，一天營養量約為二千五百卡路里及七十公克蛋白質。女性需將主食減少二十%才適合。

②減肥時大量減少主食的卡路里（不可減少蛋白質）。

③早晚各服六十cc酵素原汁的人，由於分量增加了一倍，必須減少主食的分量。

④為求準確，請備齊磅秤、量杯及量匙。

4.細嚼慢嚥吃三餐、八分飽最恰當

三餐定時、定量，細嚼慢嚥是達成均衡飲食的一環。

有人主張減肥的方法是減少餐數，即一天二餐主義。這種方法不太恰當。因為胃部消化食物已經維持一天三餐的週期習慣。白天活動、夜間睡眠的正常人習慣，使胃的消化週期集中在白天。一旦不吃早餐，胃部的消化週期空轉，只會促使下一餐的營養完全消化吸收，增加食慾而已。過多的食物被徹底消化吸收，轉變成脂肪是肥胖的原因。

規律的三餐，使體內只攝取必要的能量，防止脂肪屯積體內，而造成肥胖的現象。

基於以上理由，三餐一定要定時定量、細嚼慢嚥才好。

由於個人差異，對於飲食過量與否很難下定論。不過，請堅持八分飽的原則。即使沒有飲用酵素原汁，也應保持八分飽的情況。

吃飯一定要從容不迫、細嚼慢嚥。從容的飲食能使唾液中的消化酵素澱粉充分活動，分解澱粉質，減輕胃部的負擔。

5.挑選均衡的好食品

均衡的飲食是飲食牛活中最重要的一項。其中包括卡路里數、酸性食品與鹼性食品的均衡。以下就漢方醫學的立場介紹均衡食品的選擇重點。

(1) 顏色的均衡

分為深色蔬菜、淡色蔬菜、地下根莖類、水果等四種。原則上採取三種蔬菜與水果的均衡。

色彩不同，食物的成分也就不同。深色蔬菜有菠菜、青椒、胡蘿蔔、紫蘇葉、南瓜、芥菜、油菜、辣椒、韭菜、荷蘭芹等，表裏均為深色的蔬菜。

淡色蔬菜有蘿蔔、蔥、白菜、小黃瓜、大蒜、萵苣、高麗菜、番茄、芹菜、、慈蔥、茄子等。

水果有蘋果、桃子、橘子、檸檬、梅子、柿子、櫻桃、葡萄、梨、香蕉、西瓜等。

地下根莖類有甘薯、馬鈴薯、山芋等。

一天三餐的理想組合是深色蔬菜一百公克、淡色蔬菜二百公克、地下根莖類一百公克、水果二百公克，共計六百公克。國人經常缺乏維他命A，應大量攝取深色蔬菜類。

⑵土中食物與地上食物的均衡

土中的蔬菜有蘿蔔、甘薯、胡蘿蔔、牛蒡、山芋、蔥等。地上的蔬菜有青椒、番茄、豌豆、高麗菜等。土中植物與地上植物各含不同的養分，必須均衡食用不可偏食。

⑶季節性食品的均衡

蔬菜、水果、魚等都有季節性的大量生產。季節性大量生產是自然界的平衡蘊育，最為鮮美、營養，是最理想的採購對象，應該經常食用。

⑷海產與山產的均衡

是指海苔、裙帶菜、海帶、羊齒菜、魚蝦類等海產與山芋、蕨菜、薇菜、菇菌類等山產的組合。例如，洋芋片上塗海苔就是最明顯的例子。

⑸動物性食品與植物性食品的均衡

牛肉、豬肉、羊肉、雞肉、魚等是動物性食品，火腿、香腸、臘肉也算是動物性食品。動物性食品必須與植物性食品（蔬菜、水果、海草類等）組合食用。換句話說，吃肉時必須吃菜。

總之，合理、均衡的飲食生活是對所有的食物不偏食，攝入飲食質量要保持各種營養的配比。偏頗的飲食是健康的障礙。

6.淡味食物

從事激烈勞動的人，大都喜歡味道很重的飲食。這種傾向容易造成飲食過量及肥胖。勞動者喜好重味食物，是因為體內鹽分隨著汗水大量排出時，體液的滲透壓藉由味覺尋求補足鹽分。

這種現象的人，覺得鹹、辣等重味食物好吃、夠味，也較能增進食慾，因此，吃得過量。造成肥胖的人也經常是從事激烈勞動的人。

為了自己的健康，不論是重勞動者或是一般人，都應儘可能吃淡一點。如果您覺得食物淡而無味，不妨多嚼幾下，使原始的甜味自然流出，也能提高消化能力。沒有過量地增進、刺激食慾，自然不會變胖。

施行酵素斷食法之後，大多數人的味覺會起變化。過去喜歡重味的人變得喜歡淡味，本來喜歡淡味的人感覺食物比以前更好吃。

特別是過度肥胖或者高血壓、膽固醇過高者，一定要吃淡味食物、避免飲食過量。

7.不吃加工食品

香腸、魚糕等食品大都添加防腐劑以便保持較長的時間。瓶裝、罐裝類、速食類也都加入色素、酸化防止劑、防腐劑等食品添加物。

合成食品添加物有害健康的理論已經是證據確鑿，絕對難以安心食用。前一陣成為話題的ＡＦ２已經證實具有致癌性而禁止使用。我們對於其他食品添加物都有檢討的必要。

日常的飲食儘量避免食用加入食品添加物的食物，選購自然生長的食物。不過，由於化學工業發達，許多天然食物都受到農藥的污染，必須分辨清楚何者是無農藥食品。

例如蔬菜，一定要選擇具有強烈菜味的蔬菜。到菜攤買胡蘿蔔，用鼻子一聞，發覺胡蘿蔔特有的氣味幾乎完全消失。其原因可能是使用農藥或特別加工的結果。

總之，已非自然生長的蔬菜。

分辨形狀也是重點之一。蔬菜的形狀應當不相同，但是最近蘿蔔、胡蘿蔔的形狀、大小幾近相同。雖然菜販說明這是出貨之際挑選的結果，但是，這種理由不能令人滿意。因為事實上，經過農藥噴灑而生長的蘿蔔，形狀、大小大抵一定。

幾乎所有的速食食品都使用食品添加物。曾經有某位女性一天吃一餐泡麵，半年下來皮膚變得粗黑，月經也不順了。

絕對不吃加入食品添加物等的食物！沒有這種決心就難以恢復、維持健康。

8. 規律的睡眠

人為何睡覺？其實生理學的研究目前尚未有明確結論。一般人必然以為是「為了儲備明天的活力」。

大部分的人都習慣夜晚睡覺。因為一到夜間，腦波受到光線的影響，自然產生睡意。

就健康與睡眠的關係而言，同樣是睡覺，方法與內容卻大不相同。

例如，作家、編輯者經常是工作至深夜二、三點才睡覺。而從事交通行業的人是入夜即睡，半夜起床工作。

這些人雖然也是夜間睡覺，但是，並非自然的健康睡眠法。

某人曾經做過實驗，白天八點睡覺，晚上起床工作。持續一個月之後，此人的臉色變壞，食慾降低，呈現極度的睡眠不足。而在二十天左右，睡眠時間大幅增加到的十～十二小時，每天有半天的時間在睡覺，頭腦無法清晰。

這個實驗的結論，是夜間工作白天睡覺的情況只適於短時間，絕對無法習慣。

相反地，世界上有許多人過著深夜十二時入睡，翌晨五時起床的生活，而且都非常健康。世界聞名的英雄人物拿破崙一天只睡三小時，仍然神采奕奕，這些人睡眠雖少，但是一點都不令人驚訝，因為他們都是夜間睡覺者。在夜間以外的時間睡眠者才是超人呢！

所謂健康的睡眠規律，首先夜晚十一～十二點之間一定要上床，翌晨五～六點起床。而且必須夜夜熟睡才是自然而理想的睡眠。

在睡眠中，腦及內臟的許多部份依舊在活潑活動，其中也有比白天更活躍的。最重要的，當然還是為了修復疲憊的身心。

由以上諸點可知睡眠是健康的泉源。在此奉勸各位深夜工作者，為了維護自己的健康，請儘可能保持自然、理想的睡眠習慣。

9.規律的排便、運動

規律的飲食、睡眠、排便是健康的三大支柱。三者互相影響，排便不順不但減低食慾，也妨礙睡眠。

正常的糞便是柔軟而有形狀。最普通的排便是每天一次，二天一次仍算正常。下痢或便秘都是異常現象。

女性多便秘，終生被便秘所苦的例子不在少數。男性便秘多見於中年以後。養成每天早飯前或飯後排便的習慣是治療便秘、恢復規律排便的重點。

生活正常，早餐必吃的人，在飯後一定會產生便意。通常便意一天只有一次，逃過這次機會，就必須等到翌日。健康人對於一次分量的糞便稍久停留在腸內不會感到痛苦，因此許多人因為忙碌、擠公車等因素而忍住不上廁所，久而久之釀成便秘。女性便秘的原因大半源於此。而年過五十的中年男性，其便秘大多是因為腸蠕動轉弱。

養成規律的排便，能夠增加食慾、熟睡、減低疲勞感，保有更多的體力。使女性的臉色轉好、身體苗條、消除青春痘及面皰。使男性精力旺盛、心情愉快。腸子蠕動緩慢者也能逐漸恢復正常。

拿報紙進廁所是極佳的作法，情緒輕鬆、排便自然順利。某位朋友甚至在廁所內釘一個書架，那是培養規律排便的好方法。

從背後看行人，可以發現人在行走時脊椎微微活動。脊椎的活動刺激附近的神經與血管，間接促使相關內臟器官的功能運轉。

因此，快步行走是健康法當中不可或缺的一項重要運動法。利用上班、上學的途中快步行走，其效果有如清晨的慢跑。

慢跑可以大體分為慢速跑、中速跑、慢速跑與快步走相結合等。總體上，七十歲以下健康者均可以參加慢跑。例如，年齡較大、肥胖或有輕度的高血壓、糖尿病等慢性疾病者，可以選擇慢速跑，或慢速跑與快步相結合；體質較好的中青少年，可以選擇中速跑。

此外，自認為總體運動量不夠的人也需積極運動。每月一次到郊外慢跑、散步是最起碼的運動。日光浴對於恢復健康也極具效果。

10. 三條禁忌

以下三項對於健康最為有傷害，必須絕對禁止。

(1) 不使用避孕藥

避孕藥雖然使用方便，卻是反自然的行為。它攪亂了自然的生理週期，對於女性身體絕對有害。在醫院就經常碰到吃避孕藥引起後遺症的病例。她們想懷孕而停止吃藥，但是月經遲遲不來，或是持續異常出血……。

改變生理日的藥丸對身體也不好，請極力避免服用。

(2) 不常用藥品

許多人使用瀉藥或通便藥來解除頑固的便秘。這些藥起初很有效，但是經常使用之後，必須逐漸增強藥量才能奏效。到最後每次排便都需要使用強烈的瀉藥才能解決問題，非常損壞健康。

請儘可能不使用藥品。若真需要也請使用無副作用、不會造成慢性疾病的中藥。高血壓症或糖尿病等慢性病，必須經常服藥，請參考第五章的「中藥加酵素治療慢性病」的根本治療法。

(3) 不抽菸過多

香菸雖然有助於消除緊張、鬱悶，但抽菸過多對於健康絕對是百害而無一利。世界衛生組織（ＷＨＯ）正在大力推行不吸菸運動，這股風潮也登陸台灣。

香菸的害處是癌症，特別是肺癌、心臟病、胃腸障礙、肝機能障礙等。好處是一個也沒有。特別是對女性，是皮膚粗黑、生理不順、便秘、黑斑、面皰的元凶。妊娠中絕對禁止抽菸。

菸癮過重、無法禁菸者，請將每日的抽菸量減少至十根以下，並且儘可能不要吸得太深。

第四章　減肥、美膚的特效療法

——健康的基礎在於規律的排便與月經——

1. 推薦給肥胖、便秘、生理不順的人

(1) 肥胖是百病之源

國人和歐美人比起來，體型較瘦小，因此，對於肥胖採取寬容的態度。尤其是男性，認為「胖是福祿的象徵」等，對於肥胖採正面的看法。

國內的飲食型態日趨歐美化，且經常不吃早餐，而吃大量的晚餐。這種夜食症候群的人非常多。有人說：「腰帶鬆了一格，壽命減少一年。」胖的人容易罹患成人病，因此對努力減量要有自覺。

酵素治療肥胖的事實前文已敘述。大部分的疾病可說起因於肥胖。

現代人大多數都太胖了。飲食過好、社會環境複雜、缺乏運動等，都是造成肥胖的主要原因。肥胖絕對不是福，有人說「感冒是百病之源」，但如果說「肥胖是百病之源」，可能更貼切。

男性肥胖時必須注意成人疾病。罹患成人病者當中約有六十％伴有肥胖。女性肥胖則易造成卵巢、子宮機能異常。肥胖的人容易生病、也不長壽，甚至可能失去幸福。

發胖原因很多，吃喝過度、生活不規律、煩惱、緊張、疾病、體質、天生……等。其中以飲食、生活不正常以及緊張、煩惱佔大多數。

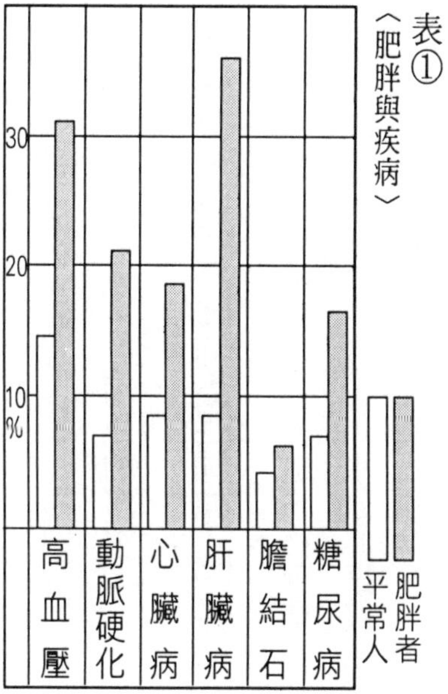

表①〈肥胖與疾病〉

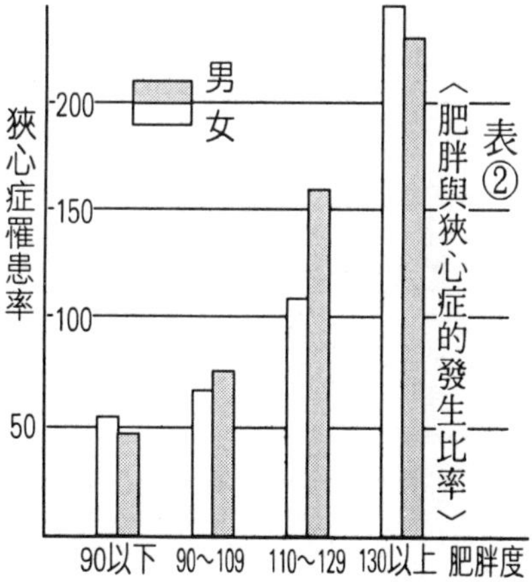

表②〈肥胖與狹心症的發生比率〉

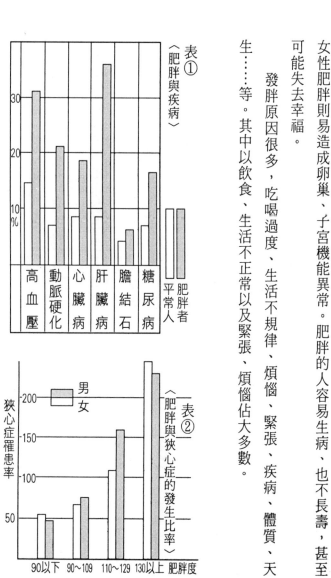

瘦的人想要變胖並不容易。相反地，胖的人想要變瘦，只要保持輕鬆愉快的心情及規律正常的飲食，依照經驗，快則三天、慢則一個月即能使體重降低。總之，減肥並不是困難的事。

⑵全身肥胖型與局部肥胖型

治療肥胖的秘訣是將多餘的物質排出體外。

肥胖者的食量都很大，水分的攝取也很多。但是，排出體外的東西卻沒有吃下去的那麼多。「入」比「出」多，養分屯積體內自然發胖。

肚皮凸出的局部肥胖者食量大，再加上性情開朗、樂天，促使胃、腸的蠕動活潑、食物完全消化吸收。但是，過多的養分或能量無法消耗，即屯積在皮下，成為皮下脂肪。肚皮、胸部、肩膀是最先屯積脂肪，造成肥胖的部位。表面上看起來似乎體格不錯，其實體力卻很差。

斷食減肥並不是二、三天的事，最少必須持續一週或十天以上才能見效。而且，長期的斷食務必請專家指導才不致於發生危險。

接下來向各位介紹斷食減肥時必須借助酵素原汁的理由。

酵素斷食法以酵素原汁代替食物。一百cc的酵素原汁約有二二〇卡路里。斷食期間每天飲用一八〇cc的酵素原汁就有四百卡路里，可以防止斷食所引起的體力下降。安全、沒有痛苦、也不會因而產生皺紋，是最良好的減肥法。

運動對於消除皮下脂肪也具效果。不過，一定要做激烈運動，讓汗水流出，使儲存在肌肉中的脂肪燃燒。

單純的斷食很難達到減肥的目的。因為當食物不再進入人體時，體內的自我防衛機能發揮功能，胃、腸及其他臟器的活動自然趨緩，以少量的儲存資源維持、延長生命。因此，在斷食的頭幾天體重有些下降，此後又不再降低。

四百卡路里的酵素原汁能夠維持胃腸的正常運作。但是絕對量不如食物，屯積在皮下的脂肪自然引出以補不足。這種減肥法適用於全身肥胖的人。

女性大多為虛胖型，原因是水分代謝不良。表面上看起來白白胖胖的很福相，其實那是一種病狀。虛胖型的人都愛喝水，加上排泄不佳，水分進入組織內，使細胞膨脹起來。

健康體重與美容體重的計算方式

	男　　生	女　　性
健康體重	（160 cm以上） 身高－110 （159 cm以下） 身高－100	（150 cm以上） 身高－110 （149 cm以下） 身高－100
美容體重		減去健康體重的 5～10%即是

例：身高155cm的女性
　　健康體重是155－110＝45（kg）
　　美容體重是45－(45×0.05～45×0.1)＝42.75～40.5（kg）

虛胖又分兩種，一種是熱胖型，一種是冷胖型。後者是長期虛胖未治療的結果。

治療的方法雖然相同，熱胖型所費時間較長。因為身體發熱容易併發各種疾病。必須先治癒疾病才能治療虛胖症。

人體所需的水分一定。例如一杯咖啡下肚，經過一連串的循環，到最後變成汗水或小便排出體外。這是酵素的新陳代謝作用。膀胱機能低下時，代謝作用失常，體內水分增加、膨脹，皮膚白而透明，有如進入冷凍庫，身體微寒，是為冷胖型。

冷胖型的生殖機能不佳，是造成生理不順、生理痛的原因。治療虛胖的基本方法是排泄水分、建立良好的新陳代謝系統。借著酵素的力量能夠促進新陳代謝，順利排出尿及汗，同時保持體力，除去引起身體不協調的疾病。

⑶您是胖哥胖姐嗎？

肥胖的型態不同，減肥的方法也就不同。首先您必須了解自己是不是很胖，胖在哪裏？然後找出發胖的原因，才是減肥的捷徑。

以下是健康體重以及美容體重的公式，您的減肥目標是哪一項？

建議男性，特別是運動量極大的男性，設定健康體重為目標。美容體重比較苗條，適用於女性。但是不論男女，減肥後的體重都不得低於美容體重。

（型態別減肥法１）局部肥胖型減肥法

肥胖型態不同，減肥方法也就不同。但是，原則上仍以「二十四小時酵素斷食法」為基本。

局部肥胖型為男性居多，其特徵如下。

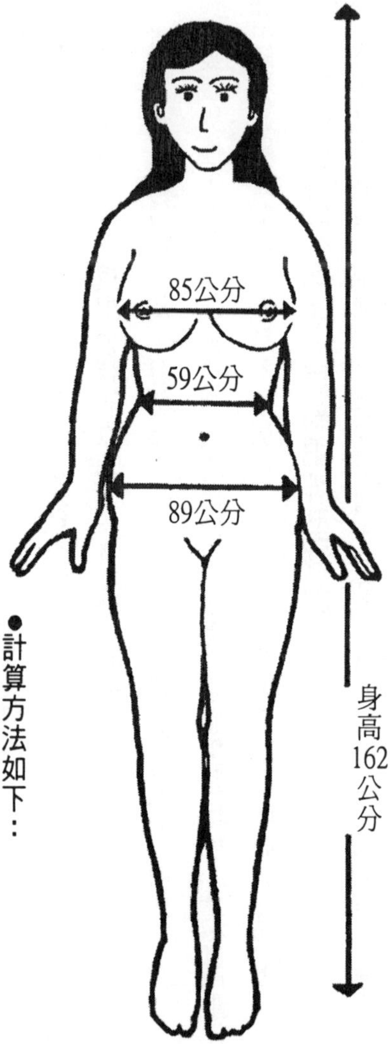

●女性的理想身材比例

美女的理想尺寸如圖所示，您的三圍是多少？

●計算方法如下：

胸圍　身高×53／100
腰圍　身高×37／100
臀圍　身高×55／100
台灣女性的理想身高是162公分

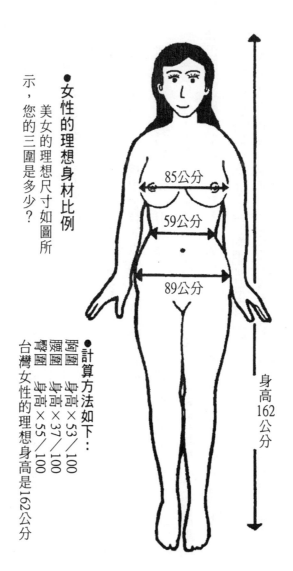

●肥胖年齡的測量方法（男性）

由以下方法可了解局部肥胖的程度

①靠牆而立，以拉門或竹桿為測量的浮標尺。

②從手指伸入胸部的根數即知肥胖度。

③正確的測量方法是保持手掌水平。

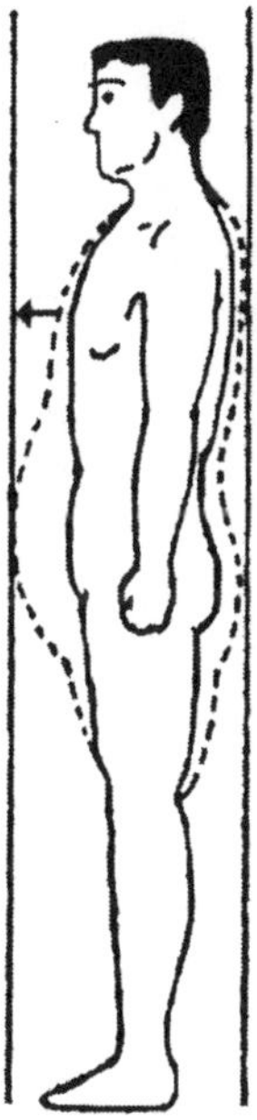

由以下方法可知全身肥胖的程度

①以直線測量兩腋下之間的長度。

②測量直線到肚臍的距離。

③兩線距離如果相等表示健康，相差愈多表示壽命愈短。

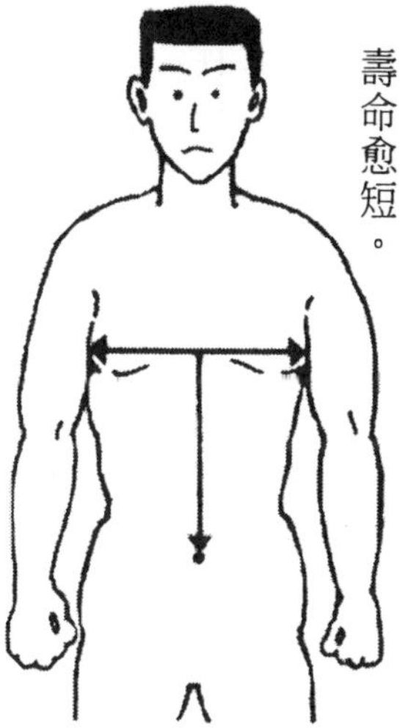

全身肥胖型的肥胖年齡
相等表示健康
1～3 cm …短命 2 年
4～5 cm …短命 3 年
6～7 cm …短命 5 年
8cm以上…短命10 年

局部肥胖型的肥胖年齡
手指一根…短命1年
二根…短命2年
三根…短命3年
四根…短命4年
五根以上短命6年

理想的身材比例				
身高 (cm)	體重 (kg)	胸圍 (cm)	腰圍 (cm)	臀圍 (cm)
150～154	42	80.56	56.24	83.60
155～159	47	83.21	58.09	86.35
160～164	50	85.86	59.94	89.10
165～169	55	88.51	61.79	91.85

【分辨特徵】

腹部凸出、臉色紅潤、乍看之下似乎結實，跑步有些氣喘，臉色雖然不錯，卻有潛伏性的腦中風。小便次數普通一天五～八次。樂天、開朗、怕熱。

【原因】

吃得過量、運動不足是主因。重味對料理益發增進食慾。

【對策】

控制食物（男性一天一千二百卡路里，女性一千卡路里），多做運動是重點。實施酵素療法的第一天（二十四小時）必須斷食，只喝酵素原汁。第二天開始每日晨起睡前各飲三十cc，持續時間一週。以上為一循環，共需反覆十次。效果極佳，請立即施行。

此外，香蕉、梨子是幫助排泄的好食物，可多食。主食以蔬菜為主，控制鰻魚、肉類的食量。

【效果】

一週減少三公斤。三週減少五公斤。十週減少七～八公斤。

（型態別減肥法2）全身肥胖型減肥法

也是以男性居多，特徵如下。

【分辨特徵】

骨骼較粗，舌頭微黃，胸部寬而厚，全身肥胖乍看之下似乎健康，其實體重已超出正常許多。稍微小跑步即感氣喘。本人少有肥胖的自覺（特別是男性）。可能罹患過支氣管炎、動脈硬化、胃潰瘍、肝炎、高血壓、糖尿病、痔瘡等疾病。現在可能肩膀酸痛、便秘、食慾極大等症狀。乍看之下頗為精悍，穿上寬鬆的衣服之後，不覺肥胖。

【原因】

飲食過量、肝功能不佳、運動不足。

【對策】

屬於易治療型。斷食二十四小時，期間只喝酵素原汁。翌日起一週，每日起床後、睡覺前各飲三十cc酵素原汁。一共反覆實行十週，效果顯著，請即刻施行。

此種類型的人大多數有高血壓的傾向，需要多吃能夠降血壓的食物，如菊花、海帶就是最佳的降壓食物。儘量避免接近糖分食物，以低卡路里食物（一天約一千～一千二百卡路里）為主食，多吃蔬菜。蝦有升高血壓的作用，禁止食用。吃淡味食品。

（型態別減肥法3）冷胖型減肥法）

多出現於女性，其特徵如下。

【分辨特徵】

全身皮膚細白柔軟，皮膚沒有張力，下半身肥胖，全身寒冷。大腿粗胖、小腿呈蘿蔔腿。排泄非常不佳，臉色蒼白，有貧血傾向、容易疲勞、臉色蒼白、多汗、怕熱，月經出血量少、淡色經常遲來。

【原因】

水分攝取過量，腎、膀胱機能不佳，小便排泄情況不好。

【對策】

飲用酵素原汁斷食二十四小時。翌日起每天起床後、睡覺前各飲六十cc的酵素原汁，持續一個月。由於體力不佳，食物方面宜大量食用含有豐富蛋白質的肉類、魚類、梨子、西瓜的水分極多，又屬冷性食物，不宜食用。一切食物以高蛋白質低能量為主（約一千～一千二百卡路里），目的在保暖身體促進水分的代謝作用。泡熱水或酵素浴，讓汗水排出，也有保暖身體排出水分的作用，可多利用。

【效果】

容易治癒型。經過一週時間可降低二公斤，四週時間可降低五公斤。加強體力之後再行斷食，效果較佳。若無體力，每天服用二次酵素原汁，每次六十cc，必須長期服用。

（型態別減肥法4）虛胖型減肥法

女性比男性多。其特徵如下。

【分辨特徵】

大致與冷胖型相同。最大的不同點是強烈的潮紅、發熱。此外，尿的排出情況欠佳，一天的排尿次數只有一～三次，口乾舌燥、大量飲水。下肢明顯的水腫。皮膚白皙、柔軟，沒有張力，沒有發冷，但月經量極多，有赤白帶。可能罹患過腎、膀胱系統的疾病。經常頭痛、容易宿醉、腳踝無力。

【原因】

水分攝取過量、小便排出困難、腎及膀胱的機能低下。

【對策】

必須使用中藥治療，其中以五苓散最適合。此型態的最大缺點是水分代謝作用惡劣，必須改善才有減肥的希望。一般食物仍然以維持體力的肉類、魚類、穀類為中心。薏仁有促道水分代謝的作用，可多食用。

實行二十四小時酵素斷食法，翌日起每天起床後、就寢前各飲六十cc酵素原汁。由於治療困難，最少必須持續飲用三個月以上。鳳梨不利於此型態者，不宜多食。

【效果】

第二個月開始出現效果。此後每月減少二～四公斤。請耐心實行。

減肥運動——經絡體操

運動的確能夠減肥，但是，一定要長時間的激烈運動才有效。以跑馬拉松為例，為了減少五十公克的體重必須痛苦地長跑一小時。而且若不持續運動，體重馬上恢復，讓減肥者大為失望，甚至有些人就此放棄減肥的念頭，任其「發展」。

前面已經說過，運動能夠將皮下脂肪轉換成能源而燃燒、消耗掉。因此，運動對於減肥仍然相當重要。以下介紹配合酵素療法的「經絡體操」。

「經絡體操」能夠加強酵素的效力，使不經常活動的筋骨得到適當的運動，同時使精神得到鬆弛與安定。

一天一次，就寢前或入浴後施行，每次所需時間約十分鐘，請務必每天施行。

實施二十四小時斷食法的當夜，即可開始施行「經絡體操」。這種體操的特徵是應用腹式呼吸法，腹部用力、動作安靜，夜晚可安心入睡。

①頭部運動

頭部前後左右屈伸、旋轉各三次。

〈效果〉促進頭部血液循環，消除疲勞

〈重點〉全身放鬆、保持愉快心情。

①

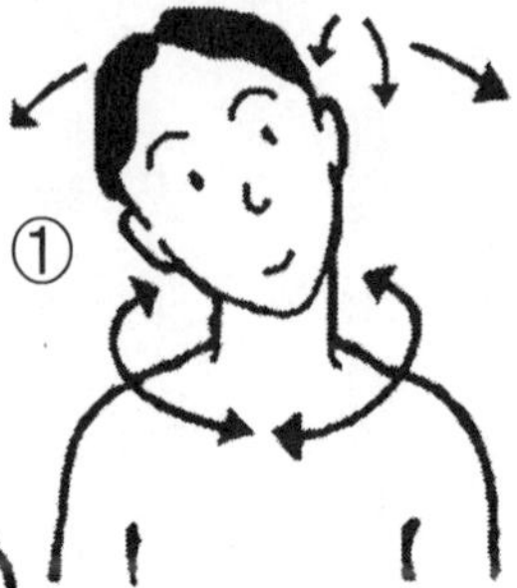

③

③肩部回轉運動

前後甩動三次。動作儘可能大。

〈效果〉解除肩關節的緊張。

〈重點〉甩動幅度大而慢。

②

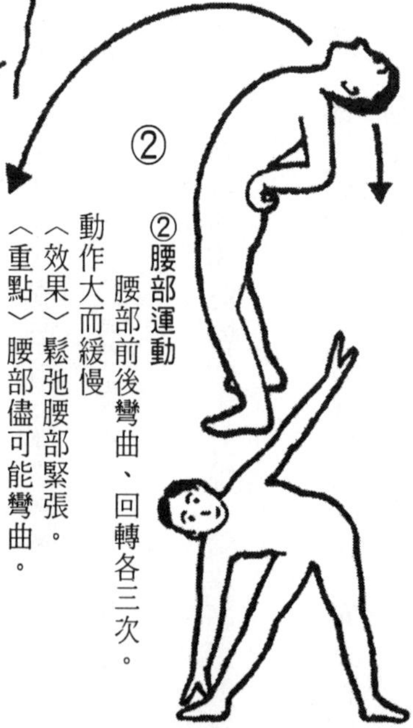

②腰部運動

腰部前後彎曲、回轉各三次。動作大而緩慢

〈效果〉鬆弛腰部緊張。

〈重點〉腰部儘可能彎曲。

④手部運動

放鬆手腕、深呼吸、上下甩動手腕達5公鐘

〈效果〉促進血液循環

〈重點〉放鬆腕關節，多次反覆甩動。

④

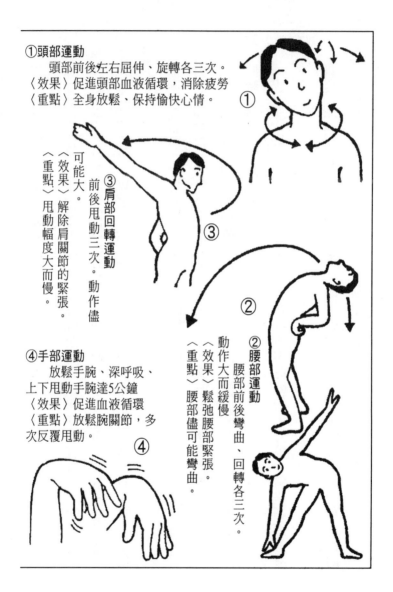

● 經絡體操 1——準備運動 ●

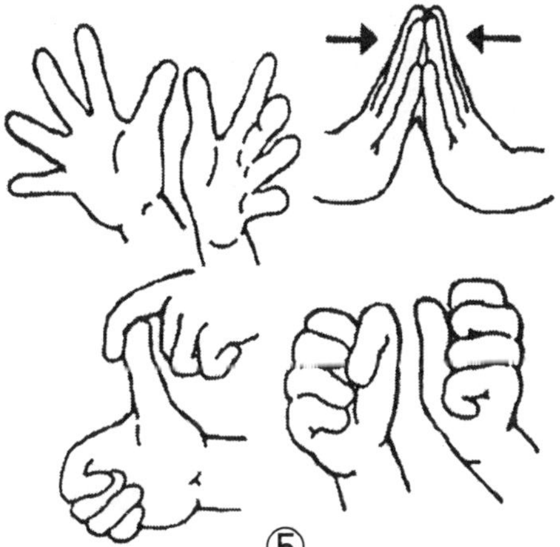

⑤

⑤手指運動

張開雙手指頭，手掌互相用力緊貼、擠壓。結束之後手指暫時呈握拳狀。接下來，用一隻手用力扳另外一隻的手指。十指都要做。
〈效果〉調整全身的循環。
〈重點〉彎曲手指儘可能深呼吸。

⑥踝部運動

單腳站立，一面吐氣一面擺動懸空的踝關節。
〈效果〉促進血液循環。
〈重點〉好像要將腳踝甩出去似地。

⑥

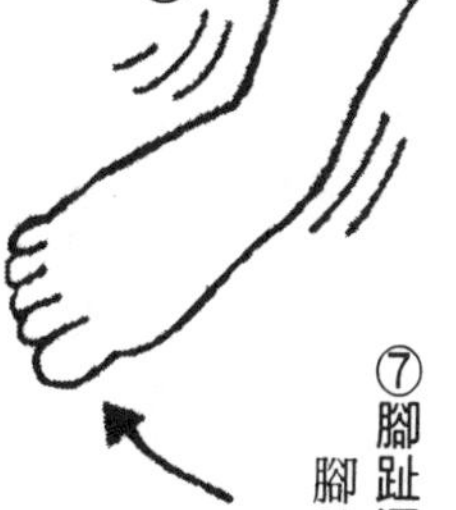

⑦腳趾運動

腳趾頭依次地向內用力彎曲。之後一起彎曲。其次依次向外彎曲，要領同前。
〈效果〉對於肝臟、月經不順頗有效果。
〈重點〉一面吐氣一面進行。

⑦

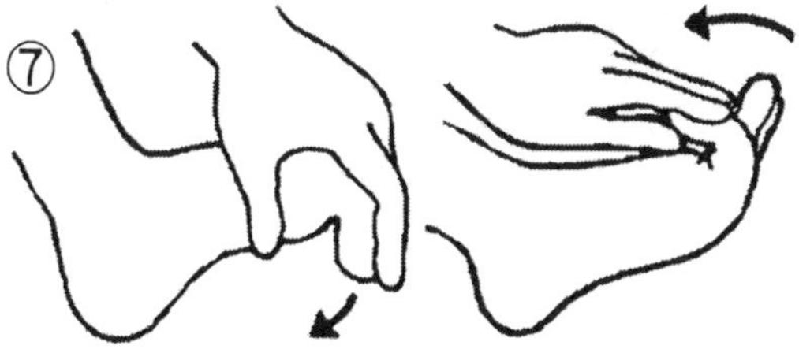

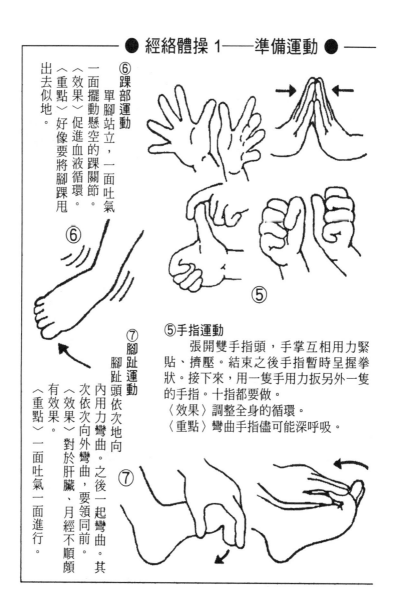

①下半前身的伸展運動

雙腳呈跪姿，身體向後躺。一邊吐氣，一面使背部觸及地面。
〈效果〉拉開腿部筋骨。
〈重點〉肩膀向後倒，背部自然躺下。

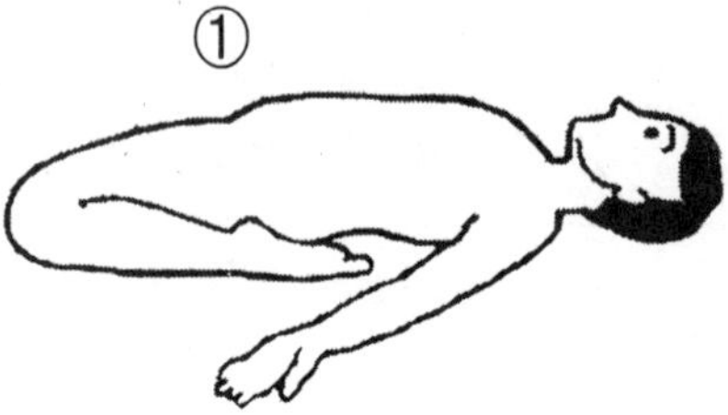

②上半身的伸展運動

延續①的姿勢，拉緊腹肌，挺腰、挺胸。進行時一面吐氣。其次下顎儘量向後仰。
〈效果〉拉緊腰、胸的肌肉。
〈重點〉以手撐地，並拉住腳掌。

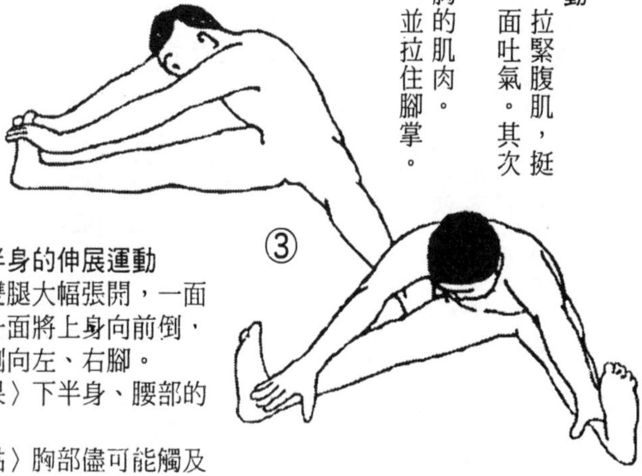

③下半身的伸展運動

雙腿大幅張開，一面吐氣一面將上身向前倒，其次倒向左、右腳。
〈效果〉下半身、腰部的運動。
〈重點〉胸部儘可能觸及地面及雙腿。

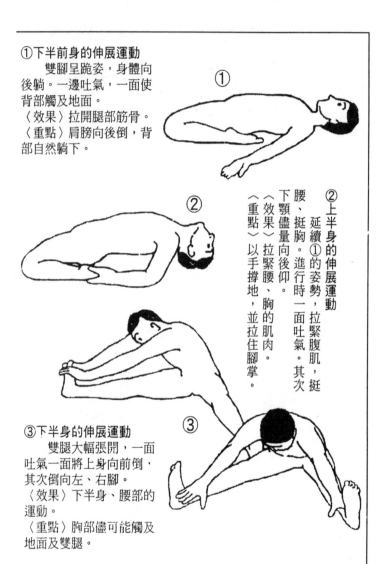

● 經絡體操 2——基本運動 ●

④上半身的伸展運動

面朝上而臥，下肢伸直彎過頭部。此時必須一面吐氣一面進行。
〈效果〉背、腰的運動。
〈重點〉雙腳打直儘量向後伸。

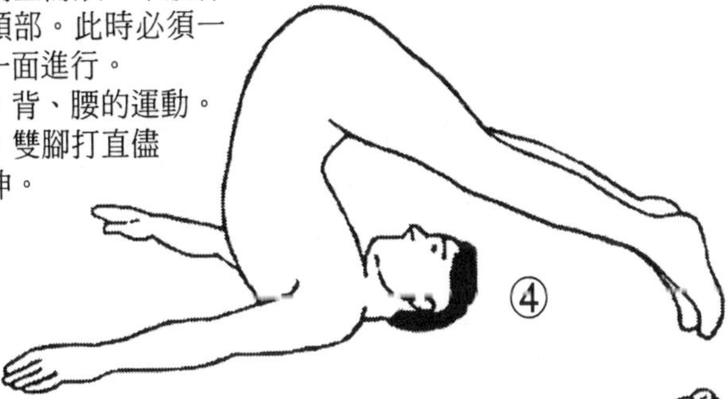

⑤倒立運動

延續④的動作。抬高雙腳及身體伸向天花板。保持此姿勢5分鐘。
〈重點〉以手支撐腰部。

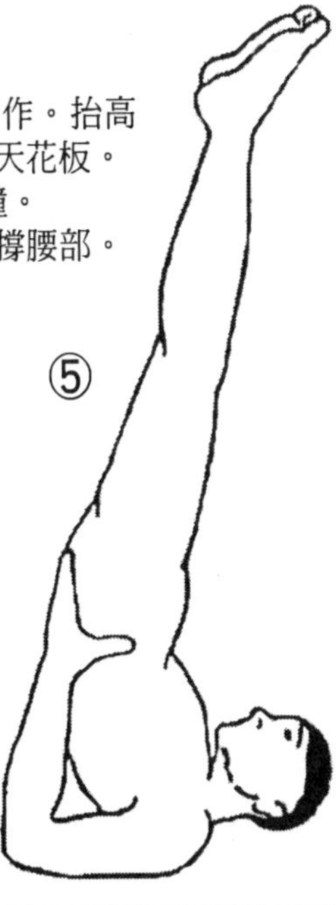

⑥肛門丹田體操與結束

姿勢如圖打坐。一面吐氣一面緊縮肛門。然後吐氣挺出腹部，吸氣收縮腹部。反覆十次。最後使用腹式呼吸，使情緒、呼吸逐漸恢復平靜。

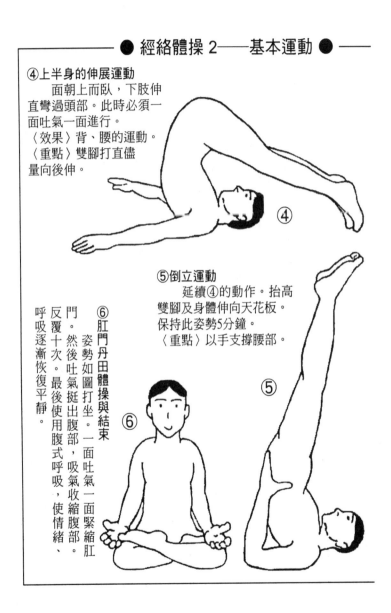

「經絡體操」不但可以減肥，還可以治療第五章的慢性病。但是，運動一天，休息好幾天，那完全沒有效果。無論如何，請每天持續運動。

3、美膚的酵素美容術

市面上所販賣的粉末酵素，可以做成酵素美容霜。在夜間十一時洗完澡後使用美容霜效果卓著。因為酵素含有蛋白質分解酵素，能夠分解肌膚的舊角質層（表皮），促進肌膚的新陳代謝。

關於酵素的美膚效果曾經有一段故事。

有一位中年婦女，由於嚴重的生理異常，臉上肌膚極為粗黑。婦女為了治療生理異常而長期大量的服用酵素原汁。三個月之後，不但生理恢復調順，皮膚也變得白裏透紅。這個消息立刻成為眾人討論的話題。

人的膚色決定於染色體，而染色體與酵素又有關連。如身體健康時臉色紅

酵素美容霜的製作與使用

〈美容霜的製作方法〉

材　料	
蜂蜜	4茶匙
橄欖油	⅕茶匙
牛奶	½茶匙
粉末酵素	1茶匙

①首先放入蜂蜜和橄欖油，仔細攪拌均勻。

②一面攪拌一面緩慢加入牛奶。以同樣的動作加入粉末酵素。若不夠稠，可以適當加入粉末酵素。完成狀態應為乳白色糊狀。

＜敷用順序＞

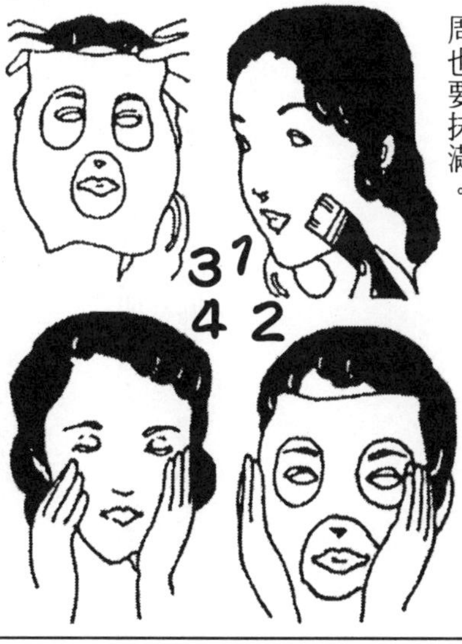

①均勻、反覆塗抹全臉。眉和眼的四周也要抹滿。

②覆蓋上紗布或化粧紙後上床睡覺。

③翌朝，以溫水沾濕全臉部，從額頭往下慢慢撕下。

④用溫水洗臉。不可使用肥皂。經過一夜的滋潤，您的肌膚更美麗。

＊一般的美容霜長時間敷在臉上，皮膚難以呼吸。使用酵素美容霜則可安心過一夜，一點刺激也沒有。

＊同上要領，可以美容手，肘、膝、踝等處的粗糙肌膚。

潤，疲勞時臉色發白、鐵青。我們可以說這是疲勞素混入血液的顏色，也可以說是決定皮膚色素的染色體受到酵素影響所改變的顏色。這位婦女大量服用酵素的結果，不但根本治療疾病，連膚色都有了改變。

內服酵素對於肌膚的美容效果到底有多少，至今未明，讀者千萬不可任意服用。至於外敷方面，酵素已被證實的確有美膚效果，讀者可以依照後文所示，安心敷用。

酵素美容霜沒有乾性、油性肌膚之分，適用於任何肌膚，連青春痘、黑斑、雀斑也具效果。但是臉部有燒傷、傷口者避免使用。此外，酵素美容霜對於男性肌膚也頗具功效，男性讀者不妨也試看看。

第五章　中藥加酵素治療慢性病

——根本治療的複合效果——

1.推薦給適用症者

(1)慢性疾病適用類別

慢性便秘、慢性肝炎、氣喘、高血壓、胃、十二指腸潰瘍、胃下垂、痛風、慢性膀胱炎。

(2)其他：

感冒、陽痿、性冷感。

(3)實行注意事項

使用酵素原汁於慢性病者，以左列為對象。

①醫院所診斷的疾病與本書所提的病名相符者（不可自行診斷）。

②舊疾不癒，逐漸呈慢性化而難以痊癒者。

③經過醫師詳細指示，於自宅治療者。

⑷ 酵素原汁與中藥併用可提早治癒慢性病

酵素原汁雖然有驚人的效果，治療頑強的慢性病仍需相當長的時間。如果能以藥物控制病情，再以酵素原汁根本治療，可提早治癒疾病。特別是中藥，這種以草、根、樹皮為原料的自然藥，與酵素原汁同類。兩者的相乘效果，讓自然治癒力得以充分發揮。

從眾多中藥處方當中，選出數項效果既高又容易買得到的藥材處方，以下就為您一一介紹。

以感冒為例，依照個人的體質、病狀，藥方完全不同。為了讓您正確服藥，將介紹您易懂的診斷方法（實熱型、實寒型、虛熱型、虛寒型）。但其中某些病症即使是專家也很難分辨。因此，在沒有把握之下一定要和專家商談，不可逕行服藥。

2.胃下垂

所謂胃下垂是指胃部異常下垂、胃機能失常、消化食物的功能緩慢的疾病。如果胃有下垂現象，但是機能正常又無不舒服症狀，則不算是疾病。

胃下垂的症狀是胃部消化不良，食物久滯胃中、胸口鬱悶、沒有胃口。飲食過量則胃部發出咕嚕聲，上腹部疼痛。

胃下垂大部分發生在體形瘦長、臉色發白者。其中又以有神經質、拘謹、易怒、嘮叨、失眠等性格者易罹患此症。

患病原因主要是過勞、吃喝過度、精神緊張不安等。可以說是一種現代病。

「精神緊張」吞噬人胃，就像漫畫中的怪獸一樣，事實上，「精神緊張」確實是現代產物的「魔物」。

胃下垂的人一般說來食量均少，且喜歡清淡的食物。不喜歡吃含有蛋白質或油膩性的食物。而且知道自己胃弱，盡量吃易消化的食物。這實在過分保護自己胃部，此種過分保護反而使自己的症狀惡化。

胃下垂依個人性格的不同，發病方式與患病經過也不同。然而一切以精神治療為最重要。必須隨時保持心情愉快，忘卻一切煩惱。如果本身老是憂心忡忡，即使接受手術，仍會再度發病。

對現代醫學而言，胃下垂是棘手的疾病，至今仍無適切而有效的治療方法。在這方面酵素療法卻有無可預測的特效性。

【診斷】

虛熱型　強烈嘔心、嘔吐，容易下痢，飲水則胃部發出咕嚕咕嚕聲。有時伴隨肩膀酸痛、食慾不振，容易疲勞等症狀。小便色黃。

虛寒型　比虛熱型更容易虛弱、疲勞。身體發冷、手腳發熱。

【虛熱型的治療法】

酵素飲用法　實施「二十四小酵素斷食」。

特別是胃下垂患者，除酵素原汁之外，第一天必須禁食所有食物，一天三次，每次一五〇cc，飯前飲用。第二天起的服用方法與胃潰瘍者相同。

飲食法　胃下垂者經常有噁心、食慾不振等現象。因此，基本的調理法以容易消化（山芋）、營養價值高（蛋）的食物為主。調理蔬菜以蒸、燉為佳。柿子、番茄、葡萄、芋頭、牛奶、蜂蜜、鴨肉、鯉魚、蛋等有助藥效。

禁忌食物　紫蘇、橘子、杏、鳳梨等具有反效果，不可食用。

使用中藥　半夏瀉心湯、小菜胡湯。

【虛寒型的治療法】

酵素飲用法　飲用法與分量參考虛熱型。

飲食法　與虛熱型不同，體型低而大便柔軟。消化機能薄弱，注意生蔬菜及果汁類的冷度及分量。主食的米飯中加入栗子效果不錯。其他如梅子、核桃、桃子、蘋果、櫻桃、花生、薑、鯽魚、鰻魚、牛肉、蛋等都可食用。

禁忌食物　梨、西瓜、李子、香蕉、龍鬚菜、番茄、海帶等。

使用中藥　小建中湯、安中散。

【胃下垂患者綜合注意事項】

①**生活設計**　過著優閒、明朗、自信的生活。

②**休養**　胃的消化力不佳，飯後休息三十分鐘。採靠右側睡為佳。

③**運動**　輕鬆的運動有助於調整胃的位置，並且強化腹肌與胃肌（運動法請參照第四章的經絡體操）。

④**沐浴**　沐浴後雖殘留疲倦感，但能夠保持體溫，促進食慾，非常重要。

⑤**酒類**　可增進食慾，但需酌量小飲。

⑥**香菸**　傷胃，最好戒掉。

⑦**性**　不可過度。

⑧**藥物**　除了無副作用的中藥之外，一律禁止使用。

3.胃潰瘍、十二指腸潰瘍

胃潰瘍與十二指腸潰瘍都有胸燒、空腹疼痛等自覺症狀。疼痛部位在心窩，有時靠右，有時在心窩內側的背骨兩側。如果打嗝或唾液中帶酸味時，則表示有胃酸過多的現象。

潰瘍多容易出血，嚴重時會發生吐血現象，大便變黑。吐血多為胃潰瘍，血便多為腸潰瘍。

口吐咖啡色血渣、大便呈焦黑色時，已是相當嚴重的症狀，須立刻就醫。

一般來說，胃病患者大都沒有食慾，但胃潰瘍及十二指腸潰瘍，有時反而食慾旺盛。胃潰瘍由於胃的緊張度高，吃下的食物均很快地送到十二指腸，空腹時胃會痛，為了止痛，只有以少量多餐來應付。

【診斷】

實熱型　食慾旺盛，肥胖型多屬此型。下腹異常凸出是其特徵，不常見於女性。胃液分泌旺盛，吃得再多仍有空腹感。

實熱型的人身體經常發熱，胃的活動過於活潑而使胃部負荷不了。

虛熱型　胃液分泌非常少，胃的活動也很微弱。常有噁心、食慾不振等現象。排尿次數不多。虛熱者的體型多為瘦長型。一切與實熱型相反。

胃部存食，不消化的現象經常出現於虛熱型。這是因為胃內積水，水分不流動之故。將耳朵附在肚皮上可以聽到咕嚕咕嚕的聲音。

虛寒型　胃的活動力極弱，完全沒有食慾，患者全身無力。久病不癒，非常難治。體溫偏低。腹腔內的器官功能遲緩，使病情每況愈下。

由於內臟器官有下垂的感覺，施行「倒立」（第四章的經絡體操）非常有效。

【實熱型的治療法】

酵素飲用法　因胃、十二指腸潰瘍而想施行「二十四小時酵素斷食法」時，首日的飲用法稍微不同。不稀釋酵素原汁，分三次飲用，每次一五〇cc。冰凍後服用「較為可口」。第二天起早晚各服一次，每次三十cc。其後每個月挑一天，在不稀釋酵素的情況下照三餐服下，每次一五〇cc，時間持續三個月。

飲食法　避免食用刺激胃壁的辛辣物。進食時以細嚼慢嚥為主，只吃八分飽。由於身體容易發熱，此類型的人大都喜歡喝冰啤酒之類，但是，酒類對胃腸不好，應儘量節制。此外，龍鬚菜、海帶等具有消炎作用，對於鎮壓胃壁的潰瘍非常有效。其他可吃的食物有梨、西瓜、李子、香蕉、菊花、紅豆、蟹、薏仁等。

禁忌食物　促進胃腸機能的人參會使潰瘍處惡化，需極力避免。其他不利於潰瘍症的食物有栗子、花生、薑、蘋果、櫻桃、桃子、核桃、梅子、牛肉、羊肉、鯽魚、鰻魚、蛋。

使用中藥　防風通聖散、大柴胡湯。

【虛熱型的治療法】

酵素飲用法　（首日的飲用方法參照實熱型的酵素飲用法）第二天起早晚二次，每次約六十cc。每月挑選一日，在不稀釋酵素原汁的情況下，分三餐飲用，每次一五〇cc。此種型式持續反覆三個月。

飲食法　少量的辛辣味可以刺激胃的蠕動，功效頗佳。蜂蜜可以補充體力，山芋有良好的消化作用。此外，番茄、葡萄、芝麻、薏仁、小麥、糙米、柿子、鴨肉、鯉魚、蛋、牛奶等均可食用。

禁忌食物　紫蘇有軟化大便、保溫身體作用，不可食用。此外還有杏、鳳梨、橘子等。

使用中藥　半夏瀉心湯、小柴胡湯、柴胡桂枝湯。

【虛寒型的治療法】

酵素飲用法　早晚二次，每次六十cc。此類型與其他類型稍微不同，首日的飲用方法無需改變。

飲食法　少量的酒，特別是驅寒酒之類有增進食慾的作用，可酌量飲用。栗子、人參是增強體力的最佳補品。其他有益食物有梅子、核桃、蘋果、花生、薑、鯽魚、牛肉、蛋等。

禁忌食物　西瓜性冷對虛寒者不利。其他不利食物有菊花、海帶、番茄、紅豆、龍鬚菜、梨、李子、香蕉、薏仁、蟹等。

使用中藥　安中散。

【慢性胃腸病患綜合注意事項】

①生活設計　此種病必須特別重視飲食，吃飯要定時，注意食物內容及分量。吃飯時心平氣和、細嚼慢嚥。

②休養　精神方面的作用很大，必須儘量保持輕鬆、愉快。

③運動　適度的運動有助於病情好轉。

④沐浴　一般而言，沐浴多少有些幫助。

⑤酒類　刺激潰瘍部位，必須控制酒量。

⑥香菸　尼古丁會隨著唾液或直接進入胃、十二指腸，原則上必須避免。

⑦性　沒有妨礙。

⑧藥物　除了中藥之外，幾乎所有的藥物均有刺激性，最好避免。

4.慢性便秘

雖然上廁所卻無法排便，而且一直無法產生便意。一週只通便一次，或每日雖有通便，糞便質硬排解疼痛等現象，通稱為便秘。

排便習慣（週期）具有個人差異，就算不是每天排便，也不代表是便秘。相反的，有人雖然每天排便，仍有大量糞便存在大腸中，這也算是一種便秘。

便秘分為急性與慢性，後者已養成習慣。慢性便秘者非常痛苦，平日有食慾不振、打嗝、下腹壓迫感等症狀。嚴重者有頭痛、目眩、失眠、容易疲勞等現象。同樣是慢性便秘，漢方又依症狀分為三種，每一種的治療方法各不相同。

【診斷】

實熱型　糞便又臭、又黑、又硬，排便相當困難，必須使勁才能排出。此類型者多為慢性便秘，經常附帶過胖、痔瘡、高血壓等疾病。其中還有某些高血壓患者因使勁排便而病發者。

虛熱型　糞便頭硬尾軟，為初期症狀，若不即時治療，將成慢性便秘。

虛寒型　以腹部為首，全身都感寒冷，通便情況惡劣。體力差而大腸蠕動緩慢，偶爾有下痢現象。

【實熱型的治療法】

酵素飲用法　實施「二十四小時酵素斷食法」。

飲用法　食用低卡路里食物。一日以一千五百～一千七百卡路里最為適當。避免食用甜食及辛辣刺激物。主食以蔬菜為重心，保持大便暢通最為重要。肥胖或高血壓症也需同時治療。食物味道忌過重，以清淡為主。可食用的食物有香蕉、青豌豆、龍鬚菜、梨子、李子、西瓜、菊花、海帶、番茄、薏仁、紅豆、蟹等。

禁忌食物 梅子、核桃、桃子、蘋果、櫻桃、花生、栗子、薑、蝦、牛肉、鯽魚、鰻魚、蛋、人參。

使用中藥 防風通聖散、三黃瀉心湯、黃蓮解毒湯、桃核承氣湯、大柴胡湯。

【虛熱型的治療法】

酵素飲用法 實施「二十四小時酵素斷食法」。

飲食法 營養不夠便秘無法痊癒。多吃蛋白質食物，尤其是肉類。體力足夠才能對抗便秘。積極攝取番茄、葡萄、山芋、薏仁、柿子、小麥、糙米、芝麻、牛奶、蛋、蜂蜜、鯉魚等食物。

禁忌食物 杏、鳳梨、紫蘇、橘子。

使用中藥　半夏瀉心湯、麻子仁丸。

【虛寒型的治療法】

酵素飲用法　「二十四小時酵素斷食法」反覆實施三個月。

飲食法　消化力薄弱，可能突然發生下痢。重點在於攝取營養保持體溫。酵素原汁對於虛寒型非常有效。燉的食品、酒類有保溫的效果。

禁忌食物　菊花、海帶、番茄、西瓜、青豌豆、龍鬚菜、薏仁、紅豆、蟹。

使用中藥　小建中湯。

【慢性便秘患者綜合注意事項】

①**生活設計**　早上一定要去廁所蹲一蹲，養成排便的習慣。

②**休養**　早睡早起，養成規律正常的生活。

③**運動**　最重要的一項。特別是腰部運動，腹部按摩的效果不錯。

④**沐浴**　保持體溫是第一目的。

⑤**酒類**　不可過量。

⑥香菸　禁止。

⑦性　不可過度。

⑧藥物　吃瀉藥容易養成習慣，絕對禁止使用。

5.高血壓症

最高血壓與最低血壓兩方面比平常人高出很多時，稱為高血壓症。但是，到底血壓高到什麼程度才叫做高血壓症呢?有的人只有最高血壓偏高、有的人只有最低血壓偏高，很難下定論。再加上年齡、性別、內臟器官的狀態等因素，實在不可一概而論。因此，醫學界乃制定一個數字標準，超越此數字者即為高血壓症。

正常的最高血壓為一四〇，最低血壓為九十，如果最高血壓在一六〇以上，最低血壓在九十五以上（WHO基準）則判斷為高血壓症。

血壓高時，有人會出現頭痛、耳鳴、肩膀酸痛、心跳加快等病狀。持續進行時，會出現手腳發麻、血氣上沖、半身麻痺等神經症狀。

但是，受檢者精神上的緊張，早晚情緒上的變動等都可能使數字產生誤差。因此，僅以此數字斷定高血壓症是不夠確實的，最好的方法仍是請教醫生以及做一次精密的檢查。

【診斷】

以中醫的立場來說，高血壓症也分為三種現象。希望您能了解自己的病情，找出最適合的治療法早日治癒。

實熱型　稍微興奮、出力即流鼻血。嚴重頭暈，日常為頸、肩酸痛所苦。身體狀態急遽轉變時，血壓容易突然上升而病倒。肥胖而臉部潮紅是其特徵。此為高血壓症的典型症狀。

虛熱型　臉色潮紅現象並不強烈，乍看之下並無高血壓症的感覺。慢性化是其特徵。與實熱型比較起來，屬陰性症狀，本人往往不自覺有高血壓症。血壓隨著情緒而忽高忽低，呈現不穩定現象。因經常有身體發冷的現象，可能被誤解成低血壓症，必須仔細檢查、區別及治療。

虛熱型高血壓者的危險點是呈慢性化，無明顯的高血壓症狀。一旦表現高血壓症狀已極危險。

虛寒型　雖然也是高血壓症的一種，但是身體發冷，經常泡熱水有助於保持體溫。或者在飯前、就寢前喝少量的酒，可增進食慾、睡得安穩。一般而言，高血壓症者絕對不可接近酒類，但那是指實熱型高血壓症者而言。虛寒型反而需要適度的酒精。

虛寒型與虛熱型一樣都沒有表現高血壓症的特徵，自覺症狀也很淡薄。所以，一旦症狀呈表面化，情況恐怕難以收拾。虛寒型的血壓也很不穩定。實熱型的血壓是上升得快，下降得也快。虛寒型剛好相反，血壓不易上升，一旦上升又不容易下降。治療很緩慢。

【實熱型的治療法】

酵素飲用法　三個月反覆實施「二十四小時酵素斷食法」。

飲食法　以低卡路里食物為主（大量的蔬菜和水果）。具有降壓效果的菊花、海帶最好。其他有番茄、西瓜、青豌豆、龍鬚菜、梨子、李子、香蕉、紅豆、薏仁、蟹。

禁忌食物　咖啡、紅茶、甜食、蛋糕、油脂多的肉類、奶油、乳酪、辛辣調味品等。特別是嚴禁酒類。具有強精作用的核桃、蝦會促使血壓上升，引起腦中風，應極力避免。此外，不太好的食物有梅子、桃子、蘋果、櫻桃、生薑、花生、牛肉、鯽魚、鰻魚、蛋等。

使用中藥　防風通聖散、黃連解毒湯、三黃瀉心湯、桃核承氣湯、大柴胡湯。

【虛熱型的治療法】

酵素飲用法　三個月反覆實施「二十四小時酵素斷食法」。

飲食法　多吃高卡路里的奶油、高營養價值的肉類。食慾不佳的話可以活用辛辣調味料或少許的酒類以促進食慾。

具有藥效的食物有番茄、葡萄、薏仁、山芋、柿子、小麥、糙米、芝麻、牛奶、蛋、蜂蜜、鯉魚等。

禁忌食物　杏、鳳梨等。

使用中藥　柴胡加龍骨牡蠣湯。

【虛寒型的治療法】

酵素飲用法　三個月反覆實施「二十四小時酵素斷食法」。

飲食法　大致與虛熱型相同。由於身體怕冷，燉、蒸食物最適宜。特別是少量的飯前酒或調味酒，可使身子暖和起來。此外，請積極食用栗子、花生、生薑、鯽魚、鰻魚、牛肉、羊肉、蛋等食物。

禁忌食物　梨子、西瓜、李子、香蕉、龍鬚菜、菊花、海帶、番茄、青碗豆、紅豆、、薏仁、蟹等。

使用中藥　當歸芍藥散、苓桂朮甘湯、八味丸。

【高血壓症患者綜合注意事項】

①**生活設計**　精神上、肉體上的刺激容易使血壓急遽上升，必須注意。

②**休養**　最少安靜睡足八小時。

③**運動**　不宜做激烈運動，以防血壓上升、頭痛、頭暈等現象。散步最適宜。

④**沐浴** 長時間浸泡溫水。不可用過熱的水。
⑤**酒類** 禁止。(虛寒型可少許使用)
⑥**香菸** 禁止。
⑦**性** 不可過度興奮。
⑧**藥物** 經常使用降壓劑會有副作用,不可使用。

6.慢性肝炎

慢性肝炎與急性肝炎,很難在症狀上加以特別區分清楚。一般而言,從發病到數個月之內痊癒者稱為急性肝炎,期間經過一年以上者稱為慢性肝炎。

發病初期有發燒、食慾不振、嘔吐、體寒、肌肉痛、頭昏、頭痛、下痢或便秘、腹部膨脹感症狀。此種症狀持續一週,發病之初,病人往往誤認為是感冒或胃病而拖延治療。

發病時尿呈啤酒的黃色,經過二~三天,眼白發黃,全身皮膚逐漸呈黃疸現象。發展到此，病人才發覺是肝炎。此時肝臟已經腫大。

慢性肝炎的特徵是食慾不振、腹部膨脹感，有時右上腹部有脹硬感。

【診斷】

同樣是肝病，但又分下列兩種。

實熱型　大多數是急性肝炎，黃疸明顯表現在指甲、眼白上。胃部有脹痛感，口渴、容易便秘。實熱型經常與肥胖或其他成人病結合在一起，必須特別注意。

虛熱型　肝功能逐漸低落，體力很差，睡眠長，舌苔變黃，食慾不振。虛熱型的水分代謝不良，身體呈水腫虛胖狀態。尤其是下半身（腿）非常虛胖。此種類型通常呈慢性化，患病時間拖得很長。平常必須細心注意臉色、指甲顏色的變化。

【實熱型的治療法】

酵素飲用法　三個月反覆實施「24小時酵素斷食法」。酵素有優秀的強肝作用，若感疲勞，可於夜間增量服用（例如八十cc～一百cc）。

飲食法　由於火氣大而容易流鼻血，海帶、菊花最適宜。其他有番茄、西瓜、青豌豆、龍鬚菜、梨子、李子、香蕉、紅豆、薏仁、蟹等。

禁忌食物　高卡路里的肥肉、魚類。禁上食用辛辣調味料、甜食、咖啡、紅茶、酒類。其他還有梅子、栗子、核桃、桃子、蘋果、櫻桃、花生、薑、蝦、鯽魚、鰻魚、牛肉、羊肉、蛋、人參。

使用中藥　黃蓮解毒湯、茵蔯蒿湯、大柴胡湯。

【虛熱型的治療法】

酵素飲用法　實施「二十四小時酵素斷食法」。

飲食法　果汁類、茶等水分不可攝取過度。薏仁能夠促進水分代謝作用，蛋也是理想食品。其他還有番茄、葡萄、山芋、柿子、糙米、小麥、牛奶、鯉魚、蜂蜜、蛋、鴨肉等。

禁忌食物　杏、鳳梨、紫蘇、橘子等。

使用中藥　五苓散、小柴胡湯、柴胡桂枝湯。

【慢性肝炎患者綜合注意事項】

①生活設計　飲食方面避免食用辛辣味或刺激性的食物。絕對不可熬夜，養成午睡習慣。

②休養　絕對需要。每天至少睡八小時。

③運動　黃疸嚴重時避免運動。

④沐浴　水不可過熱。

⑤酒類　絕對禁止。

⑥香菸　絕對禁止。

⑦性　一週一次。

⑧藥物　吃強肝藥反而有害無益。

7. 感冒

從鼻孔經由喉嚨、氣管、支氣管、微支氣管一直到達肺泡，這整個系統稱為氣道（呼吸道）。而感冒是指從鼻子到喉嚨的炎症。

感冒的因素很多，有時是病毒感染，有時卻是寒冷所引起的物理刺激。打噴嚏、流鼻水、發燒、咳嗽、頭痛、關節酸痛、情緒不安、眼睛出水等是一般的感冒現象。嚴重者可能引起鼻蓄膿、中耳炎、甚至支氣管炎、肺炎等病症。

感冒通常發生在上呼吸道，如果發燒超過攝氏三十八・九度達三天以上，或喉嚨出現黃斑或白斑；或畏冷及呼吸不順發生時，均應立即求醫診治。

【診斷】

感冒分為以下三種類型：

實寒型　咳嗽、關節酸痛、發燒無汗、便秘。這種症狀大多數人都能以體力或運動來克服。甚至有些人根本不把感冒當作一回事。

這種程度的感冒治療極為簡單。只要保持體溫，再喝一杯自製的蛋酒，出點汗，睡一覺，翌晨起床一點事也沒有。

但是，若是長期不治療可能形成支氣管氣喘、心臟氣喘、蓄膿症等疾病，千萬不可忽視。

虛熱型　舌頭發黃，嘴內發黏，食慾低落。經常有久病不癒的現象。舌頭若變黑，表示病情惡化。

虛寒型　從肩膀到頸子整片酸痛。發燒而不出汗。汗一逼出體外，表示病已痊癒。此種類型可以泡熱水治療。

【實寒型的治療法】

酵素飲用法　感冒初期飲用八十～一百cc的酵素原汁，然後早點上床睡覺即可。

飲食法　選擇含有豐富蛋白質的食物。可食用湯麵、火鍋、熱湯等熱性食物以保持體溫。多吃紫蘇、橘子、鳳梨等組合食物。

禁忌食物　番茄、葡萄、柿子、薏仁、糙米、芝麻、山芋、牛奶、蜂蜜等。

使用中藥　麻黃湯、小青龍湯。

【虛熱型的治療法】

酵素飲用法　患者大都食慾不振，可在酵素原汁中加入檸檬等促進食慾。

飲用量每次六十cc，睡前飲用最為適合。

飲食法　久病不癒，食慾低落。儘量選擇容易消化、蛋白質多、營養豐富的食物。亦可加些增進食慾的香辣調味品。

禁忌食物　發燒時不可食用鳳梨。其他如紫蘇、橘子對於病情都有反效果。

使用中藥　小柴胡湯、柴胡桂枝湯。

【虛寒型的治療法】

酵素飲用法　早晚各飲六十cc。第一天晚上飲八十cc。

飲食法　以保持體溫為首要目標。梅子、核桃、蘋果、櫻桃、花生、栗子、生薑、蝦、鰻魚、牛肉、羊肉、人參、蛋等都很適宜。特別是熱呼呼的薑湯效果極佳。

禁忌食物　梨子、西瓜、李子、香蕉、龍鬚菜、青豌豆、番茄、菊花、海帶、紅豆、蟹等。

使用中藥　葛根湯。

【感冒患者綜合注意事項】

①生活設計　感冒是萬病之源，請留心儘早治療。
②休養　一旦感覺罹患感冒，儘快就寢休息。
③運動　避免激烈運動。
④沐浴　熱水澡有助於出汗，但是水不可過熱。
⑤酒類　適量則有助於增進食慾。
⑥香菸　禁止。
⑦性　適度控制。
⑧藥物　儘量不要服用有副作用的藥物。

8.氣　喘

當空氣無法自由地在肺部氣囊中交換，支氣管氣喘便會產生。肌肉痙攣加上黏液增多，是由於在過敏反應時，免疫系統製造組織胺所造成，因此，任何過敏原都可能誘發氣喘。

最易引起氣喘的季節是秋天，其次是冬、春、夏。

氣喘的起因很多，室內的灰塵、空氣中的細菌、溫度、濕度以及身體的疲勞等都是。

氣喘分為發作型與慢性型。發作型的人在不發作時與健康人無異，一旦夜間突然發作常痛苦得發出咻咻聲。慢性型則在長達數月或數年之間，每天咻咻作響。

【診斷】

實熱型　外表看起來很健康。持續激烈的咳嗽使得臉部潮紅，仍有充分的體力。屬於初期的氣喘病。

發作時頭部流汗是其特徵。另外，平日有喉嚨容易乾燥，肩膀酸痛、便秘等症狀者也屬於實熱型。

實寒型　臉色發白，喉中有痰、稍微便秘是其特徵。此類型的人關節疼痛、體內逼火，不易出汗及排尿。

虛熱型　不常激烈發作，也無呼吸困難的現象。雖然體力不好，臉色卻比實寒型佳。

排尿順暢，但濃痰黏喉極為苦惱。

此外，食慾不佳是其特徵。體力本來就不好，再加上食慾不振，體力更一落千丈。

【實熱型的治療法】

酵素飲用法　實施六個月的「二十四小時酵素斷食法」。

飲食法　不可過度攝取動物性蛋白質、脂肪。以低卡路里食物、蔬菜、水果為主食。

具有藥效的食物有梨子、西瓜、李子、龍鬚菜、香蕉、菊花、海帶、番茄、青碗豆、蟹、薏仁、紅豆等。

禁忌食物　人參、栗子、花生、薑、牛肉、鰻魚、梅子、核桃、桃子、蘋果、蝦、櫻桃等具有反效果。

使用中藥　麻杏甘石湯、大柴胡湯。

【實寒型的治療法】

酵素飲用法　實施六個月的「二十四小時酵素斷食法」。

飲食法　避免吃生冷食物及高卡路里食物。已涼的食物最好是加熱後再吃。鳳梨、杏、紫蘇、橘子有益氣喘。

禁忌食物　番茄、葡萄、柿子、蛋、薏仁、糙米、小麥、芝麻、山芋、牛奶、蜂蜜、鯉魚、鴨肉。

使用中藥　小青龍湯、麻黃湯。

【虛熱型的治療法】

酵素飲用法　實施「二十四小時酵素斷食法」。次日起改變方法，早晚各飲六十cc，反覆實施六個月。

飲食法　儘可能攝取高營養價值的食物。由於食慾低落，應選擇容易消化及開胃的食物。注意一定要嚼得很碎之後才可吞下。薏仁、柿子、番茄、葡萄、鴨肉、鯉魚、牛奶、蜂蜜、蛋、芝麻、山芋、小麥、糙米等有助於氣喘病，請大量攝取。

禁忌食物　鳳梨、紫蘇、橘子、杏。

使用中藥　麥門冬湯、小柴胡湯。

【氣喘病患綜合注意事項】

①**生活設計**　考慮做一週或一個月的長期生活設計。

②**休養**　充分休息與睡眠。

③**運動**　除了發作時間以外，輕度的運動有益於健康。

④**沐浴**　熱氣可滋潤氣管，可經常沐浴。

⑤**酒類**　少量可。

⑥**香菸**　禁止。

⑦**性**　必須考慮自身的體力，適可而止。

⑧**藥物**　現代醫藥多含有類固醇及荷爾蒙劑，副作用強，不可多用。中藥較為理想。

9. 痛　風

痛風是一種因為在某些人體內的血液中含有特殊的遺傳性物質，使得體內的尿酸因種種原因增加而引發的病痛。只有血液中的尿酸值增高而沒有其他症狀，不認為是痛風，而稱為「高尿酸血症」。但高尿酸血症卻是最有可能導致痛風。

痛風發作的時間通常在夜晚、凌晨，而百分之九十的發作部位在膝蓋以下，而百分之七十是發生在腳拇趾。

初期是耳朵結硬塊，一段時間之後手腳關節出現腫痛症狀。通常引起痛風發作的誘因是，長時間步行，因穿著硬的鞋子所造成的足部外傷，而喜歡喝酒或肉類食物者罹患比例較高，體質遺傳也是原因之一。

【診斷】

方式是綜合病人的體形與症狀。分為以下二種。

實熱型 體態肥胖、喉嚨發乾、身體發熱者容易罹患此型痛風。腳拇趾、關節突然強烈腫痛，有便秘現象。

虛寒型 虛胖而下半身水腫，臉色蒼白，喜好茶水者多屬此類型。虛寒型痛風的特徵是容易呈現慢性化，流汗、疼痛而臥病不起，極為難治。痛楚與實熱型相似，需由肥胖的方式來分辨類型。

【實熱型的治療法】

酵素飲用法 反覆實施三個月的「二十四小時斷食法」。脂肪過多是罹患痛風的最大原因。因此，治療的第一步是下定決心減肥。配合實施第四章的「減肥特效療法」效果特佳。減肥可以減低痛風的疼痛。

飲食法 參考「減肥特效療法」的飲食方式。可食用食物有梨子、西瓜、李子、香蕉、菊花、海帶、紅豆、薏米、蟹等。

禁忌食物 栗子、花生、薑、桃子、蘋果、櫻桃、蛋、蝦、梅子、核桃、鯽魚、鰻魚、羊肉、牛肉、人參等。

使用中藥 防風通聖散。

用。

【虛寒型的治療法】

酵素飲用法　實施「二十四小時酵素斷食法」。

飲食法　栗子、花生、薑、鯽魚、蛋、鰻魚、羊肉等有助藥效，可多食用。

禁忌食物　梨子、西瓜、李子、香蕉、龍鬚菜等避免食用。

使用中藥　防已黃耆湯。

【痛風患者綜合注意事項】

①**生活設計**　防止過胖是第一要件。

②**休養**　安靜、熟睡。

③**運動**　在不發病疼痛時，多做減肥運動。

④**沐浴**　發炎、疼痛強烈時不可洗澡。

⑤**酒類**　禁止。

⑥**香菸**　禁止。

⑦**性**　原則上不妨礙。

⑧藥物　儘可能不要使用具有強烈副作用的藥物。

10.慢性膀胱炎

膀胱炎的特徵是迫切的排尿慾。不僅頻尿，而且排尿時會痛。

由於膀胱與尿道離陰道近，因此，患病比例以女性居多。病人往往在解除疼痛之後以為病已痊癒而停止服藥，等到再度發病時已成慢性化，極難斷根。罹患此症者必須持續耐心治療。然而經常跑醫院看醫生也非良策，最好的辦法是在家耐心治療，相信一定可以徹底治癒。

腎臟炎容易轉成慢性化，是極令醫生棘手的疾病之一。最近不但是大人，連兒童也有罹患此症的傾向。

由於酵素有抗炎作用，是對於治療腎臟的效果極佳。

【診斷】

由東方醫學的立場來看，膀胱炎、腎臟炎與個人的體質有極大的關係。您是屬於哪一種類型？請分辨出自己的類別，趕快治療。

實熱型　突然發病，排尿時疼痛難當，必須立即找醫生的類型。治療迅速，吃幾次藥痛苦全消。但是若不早治癒即成慢性化。

體力不錯，臉色紅潤、眼睛容易充血、有高血壓傾向、牙齦呈暗紫色、壓腹有疼痛感的人，比較容易罹患此症。

女性容易罹患此症的特徵是，生理前於大腿處出現黑紫斑塊，生理時期結束後黑紫斑塊自然消失。生理不順，腳、腰發冷。

虛熱型　稍微施加壓力即有持續的疼痛感，甚至有膀胱結石、腎結石等附帶疾病。排尿時極為痛苦、難排。

虛寒型　此型的症狀大都與虛熱型相似。不同之處是食慾低落、強烈發冷、沒有體力、不易入睡。

【實熱型的治療法】

酵素飲食法　反覆實施三個月的「二十小四小時酵素斷食法」。

飲食法　高卡路里、多脂肪的魚、肉、奶油等容易造成便秘，有礙膀胱炎的治療。主食以蔬菜與低卡路里食物（一天約一千五百～一千七百卡路里）為主。積極食用梨子、西瓜、李子、香蕉、龍鬚菜、青豌豆、番茄等。

禁忌食物　梅子、蘋果、桃子、核桃、栗子、花生、櫻桃、薑、牛肉、羊肉、蝦、人參等。

使用中藥　桃核承氣湯、茵蔯蒿湯。

【虛熱型的治療法】

酵素飲用法　反覆實施三個月的「二十四小時酵素斷食法」。結石者使用此療法亦有效果，但需經過醫師檢查結石的狀態。重症者避免使用此療法。

飲食法　大量攝取營養食品以保持體力，病情自然好轉。食物以肉類、魚類為主，調理食物時可加入番茄、葡萄、薏米、鯉魚、蛋等有益食物。

禁忌食物　鳳梨。

使用中藥　豬苓湯、五苓散。

【虛寒型的治療法】

酵素飲用法　反覆實施三個月的「二十四小時酵素斷食法」。

飲食法　由於食慾低落，以梅子、桃子、蘋果、核桃、花生、櫻桃、薑、蝦、鰻魚、鯽魚、牛肉、蛋、人參為主食。

禁忌食物　梨子、西瓜、李子、香蕉、龍鬚菜、菊花、海帶、番茄、青豌豆、紅豆、薏米、蟹等。

使用中藥　當歸芍藥散、八味丸。

〔慢性膀胱炎患者綜合注意事項〕

①**生活設計**　傍晚以後儘可能不要攝取鹽分與水分。

②**休養**　多睡、保持輕鬆。

③**運動**　若無疼痛可保持適度的運動。激烈的運動有反效果。

④**沐浴**　水溫稍微高一點，可保持體溫，但是需注意清潔。

⑤**酒類**　禁上。

⑥**香菸**　禁止。

⑦**性**　禁止。

⑧**藥物**　除了低副作用的中藥外，其餘極力避免。

11.陽痿、性冷感

男性的陽痿是指無能力性交的狀態，及有精力有性慾，但是，實際上無法實行性交。一般是指勃起不全。

性冷感則指感官上不能得到某種程度的滿足而言。

有關「性」方面的病因包括精神及肉體兩方面，實際情況極為複雜。陽痿、性冷感經常是其他重大疾病的併發症。例如，罹患糖尿病的男性往往有陽痿現象，而女性的性冷感往往是生理發生不正常所引起。

【診斷】

實熱型　乍看之下，好像頗為健康、有精力，實際並非如此。臉色潮紅、肥胖、有高血壓症的傾向。

虛熱型　此型的最大特徵是神經緊張，內心壓力過重造成性無能。經常煩惱性問題、缺乏自信，容易受驚嚇。

虛寒型　身材瘦而皮膚沒有彈性。體力不足，糖尿病是經常出現的併發症，所需治療時間很長，不易治癒。

【實熱型的治療法】

酵素飲用法　反覆實施三個的「二十四小時酵素斷食法」。

飲食法　如果身材肥胖，每天的卡路里量限制在一千～一千三百卡路里之間。保持體力是其目的，不可食用高卡路里的食物。蔬菜是良好的強精劑，具有藥效的食物有菊花、海帶、番茄、西瓜、梨子、李子、香蕉、青豌豆、紅豆、蟹、薏米等。可與其他食物混合調理食用。

禁忌食物　梅子、核桃、桃子、蘋果、蝦、櫻桃、花生、栗子、薑、牛肉、蛋、羊肉、鯽魚、鰻魚等。

使用中藥　防風通聖散、大柴胡湯。

【虛熱型的治療法】

酵素飲用法　實施「二十四小時酵素斷食法」。次日起方法稍微改變，每日早晚各飲六十cc，反覆實施三個月。

飲食法　虛熱型與實熱型不同，病因多為精神緊張，應大量攝取含鈣量豐富的乳酪、小魚，以保持平靜的心情。容易口渴，但不可飲水過量。番茄、葡萄、蜂蜜、薏米、鯉魚、鴨肉、蛋等具功效可大量食用。

禁忌食物　杏。

使用中藥　柴胡加龍骨牡蠣湯。

【虛寒型的治療法】

酵素飲用法　實施「二十四小時酵素斷食法」，次日起改變方法，早晚各飲六十cc。

飲食法　避免食用生冷食物，細嚼慢嚥是重點。有益食物有核桃、蘋果、生薑、鯽魚、羊肉、蛋等。

禁忌食物　菊花、海帶、番茄、西瓜、紅豆、青豌豆、龍鬚菜、薏米、蟹。

使用中藥　桂枝加龍骨牡蠣湯、八味丸。

【陽痿、性冷感患者綜合注意事項】

①**生活設計**　容易併發高血壓、糖尿病等，生活正常，注意飲食。
②**休養**　充分休息與睡眠。
③**運動**　特別鍛鍊腿與腰的運動。長跑、跳繩的效果頗佳。
④**沐浴**　以冷水或溫水的局部或及腰的淋浴，可提高體溫。
⑤**酒類**　適度的飲酒有良好的強精效果，飲酒過度適成反效果。
⑥**香菸**　不論男女，人量吸菸都有損精力。禁止。
⑦**性**　保持自信心及對於性的關心。
⑧**藥物**　強精劑有時有效，但是適合人體的酵素或食物是最好的藥物。

12.中藥的正確飲用法

中藥的形狀各有不同，內服方面大都是以煎熬方式提煉藥材中的精華。長時間慢火熬煉的容器大都使用陶器或耐酸鋁，最近市面上有中藥專用的「藥壺」非常方便。

分量方面依藥材及症狀各有不同，一般用法是將水加滿（不可溢出），慢火熬一個小時左右，當壺中的水分只剩一半時即可以用濾器過濾殘渣，待稍涼後服用。

除了水以外，有時也可加些酒、醋或蜂蜜等，一切必須聽從中醫師的指示。

除了熬成汁之外，中藥在外觀上還有一種形狀，就是以特殊方法抽取藥材中的成分，此謂之科學中藥。形狀有錠劑、散劑（粉末狀）、顆粒劑等。只要以溫開水服用即可，非常方便。

原則上中藥是在飯前或兩餐間服用。

這是飲用中藥的重要原則，因為空腹時服用中藥會充分吸取。

服用中藥的期間原則上是愈短愈好。但是，對於何時停止服藥則需依照專家的指示，千萬不可自行決定。通常慢性疾病要持續服藥六個月至一年的時間。此種情況也並非從頭到尾都服用相同藥材、相同分量的藥物，隨著病情的變化而有所增減。

第六章　有關酵素原汁的注意事項

——購買、選擇、飲用、處理、保存的方法——

1.酵素原汁的選購條件

(1) 酵素種類

①**液狀**（酵素原汁的原始狀態）

【使用法與效果】

・內服用於增進健康、治療疾病。

・外用於燒傷、普通傷口及痔瘡等。

・加酒精稀釋後可作為生髮、護髮之用。

②**粉末狀**（亦有顆粒狀）

【使用法與效果】

・液狀酵素若覺難吃、服用粉末狀酵素效果亦同。但必須加服三倍的水。

・可用於調理菜餚。

・加上蜂蜜或牛奶製成化粧品，可保養皮膚。
・用於自製酵素時的促進發酵劑。

③入浴劑

分為粉末溶劑、液體等。

【使用法與效果】
・增強保溫效果，使熱水不易變冷。
・對於肩膀酸痛、疲勞、瘀傷、痔瘡等的治療效果卓著。

④清潔劑（將酵素添加在清潔劑中）

【使用法與效果】酵素有分解蛋白質的作用，可分解血液等斑點、污垢。

將二茶匙的粉末酵素加入一般清潔劑中效果亦同。

⑤化粧品

有乳液、冷霜、化粧水、營養霜、保養劑、洗面皂等。

【效果】對於粗糙、油性、日曬後的肌膚頗為有效。亦可利用液狀、粉末狀酵素自製保養霜、化粧水、護髮水等。

⑵ 選購方法——優良酵素原汁的條件

①所含的酵素種類既多、活性又高

酵素原汁經常被認為是清涼飲料而非藥品，因此沒有標示其中的成分。

雖然至今科技仍無法完全分析出酵素原汁中所含的酵素種類。但是，至今各種品牌的酵素均有標記所使用材料，如蔬菜、水果、藥草、海草……等。在選購酵素時不妨選擇多樣化的酵素，不要選擇只以蔬菜或水果為材料的酵素原汁。五十種材料以上的酵素才算是優良的酵素原汁。

②添加酵素

酵素原汁是以多種植物為材料，以糖分發酵引出材料中的精華。但是，有部分廠商在糖水中添加酵素，或者在釀造酵素中添加部分合成酵素，作成所謂的「添加酵素」，雖然沒有違法，但其效果已有差異。乍看之下添加酵素好像是指「添加活性極強的酵素」，其實有了「添加」二字的酵素原汁已不是好品質的保證。

③選擇大量、多樣生產酵素的廠商

多方面開發商品不但要有資本、設備，還需要精良的研究員，大廠商是優良、安全的保證。

④搖動瓶子必須透明、不混濁。

⑤包裝或瓶蓋污穢是異物附著的表示，不可購買。

⑥注意瓶子上或者盒子上有沒有製造號碼的紀錄。

記號表示是廠商的義務，也是品管的保證。

⑦不可任意聽信販賣者的推薦。

服用酵素時必須請教醫師、藥劑師或其他指導專家。推銷員不了解產品的成分及效能，千萬不可隨意聽信。

2.喝多少才恰當

依照病名及使用目的的不同，飲用方式亦有不同（飲用方法已於第三、

四、五章分別說明）。

以維持健康為目的的人，每天的飲用分量約為本身體重的千分之一cc，分為早晚兩次服用。例如，體重五十公斤的人，每天的總飲用分量是五十cc。同理，六十公斤的人早晚各飲三十cc（每天總分量是六十cc）。

早晨起床後立刻喝一次，晚上睡覺前再喝一次。分二次飲用的理由在於符合身體的生理現象。早上飲用可以消化分解能量，促進人體的旺盛活動力。夜間服用可保持體力、合成蛋白質、淨化血液等。想要維持健康，請遵守這項飲用規則。

以增進健康為目的的酵素原汁飲用量

現在的體重（公斤）	酵素原汁的分量（cc）
40～45	40
46～50	50
51～55	60
56～60	60
61～70	60
71～以上	50

一百cc的酵素原汁中約有二二〇卡路里，相當於一碗米飯，健康人如果攝取了過多的能量，只會造成肥胖。每個廠商的成分、效果均不相同，請遵從包裝內所附的飲用方法說

明書。

想要積極地改善體質，增進健康、恢復健康的人，只要在自宅實施二十四小時斷食法，即可安全而確實地達成目的。

慢性病、女性美容、男性減肥的方法在前面已敘述過，只要遵守指示、確實執行亦能安全地完成目的。

重病時一定要找醫生商談，千萬不可自行診斷、服藥，以免造成危險。除此之外，併用中藥或實施二十四小時斷食法也一定要請教醫生後方能進行。

3.何種人不能飲用酵素原汁

酵素原汁的藥效可說是萬能。但是，也不能因此而胡亂服用。以下諸種人在服用酵素時必須特別注意。

①妊娠中的人

酵素原汁對於胎兒的發育、妊娠中毒症的處理、難產體弱的產婦均有好的影響。一天三十～六十cc，分早晚二次服用最為適量。但是，如果實施二十四小時酵素斷食法，會因斷食而超量飲用酵素，促進大腸蠕動，造成流產。

②患有嚴重的糖尿病，正在接受醫師治療者。

③對酵素產生反應、過敏的人。

④有各種重病症狀，正住院治療中的人（酵素原汁對於痛風或胃潰瘍具有效果，但是其他疾病仍需請教醫生）。

4.超量飲用的情況

也許有人認為酵素既然有益於健康，多喝一些身體應該會更好，身材會更苗條。酵素雖然與任何藥物不同，但若喝得過量也是百害而無一利。

例如，一位健康的人既攝取普通飲食又飲用過量的酵素原汁（一天二百cc以上），一定會發胖。

有這樣的實例，一位肥胖的女性經過指導施行酵素斷食，達到減肥的目的之後，終上服用酵素原汁，回復到普通的生活。但是，由於她的先生極愛吃肉，她也逐漸大啖肉類，僅僅半年就比以前胖十公斤。

就她而言減肥並非難事，於是又自行實施酵素斷食法。「一次喝多一點減肥速度應當會加快一些吧！」她這樣想。於是每次一五〇cc，一直持續飲用十五天。

照理說應該會瘦下來，但是她反而變胖了，才幾天就胖了三公斤。

她匆忙地跑來找醫生，讓醫生苦笑不已。

酵素原汁雖然沒有副作用，一天用量也不得超越三百cc。讓我們來計算一下卡路里的數值。以女性而言，一天的食物中約有二千卡路里。而一百cc的酵素原汁有二二〇卡路里，三百cc約有六六〇卡路里，一天總計約有二六六〇卡路里。

卡路里太多，發胖是自然的事。這位女性在醫生的指導下大量減少食量及酵素量，如今已減肥成功。所謂「過猶不及」，請使用者謹守用法與分量。

如果每天的分量定為六十cc，偶爾多喝一點或少喝一點都無所謂，原則上相差十%左右都沒問題。過多的酵素體內無法吸收，會與廢物一同排出體外。

然而，重病者的體內酵素生產不佳，再加上疾病使體內的功能減退，必須依靠大量外來的酵素補給。此時也需經由醫生或專家指示才可以大量服用酵素原汁。除此之外，千萬不可自行過量服用。

5.處理、保存的注意事項

①放置陰涼處

保存中或飲用中的酵素原汁都含有活的酵母菌及有益細菌、黴菌。放在高溫多濕的地方可能會逐漸發酵、酒精化甚至腐敗。

因此，保存時請選擇陰冷通風的地方，而且避免陽光直射，以免加速發酵。以家庭而言，放在冰箱內不但符合以上諸點要求，冰鎮後的酵素也更好喝，非常適宜。

處理、保存上注意事項

②不可傾倒或劇烈搖動瓶身

開瓶前絕對不可傾倒或搖晃，以免突然急速發泡，衝破瓶子。處理方式與可樂、汽水、啤酒之類相同，儘量使其平穩站立。

③沾污床單、地板的處理

酵素原汁中含大量醣質，一旦沾污地板、床單等，必須立即以抹布用力擦乾淨，以免招來螞蟻。

④原汁中的乳白色小團塊

這是極為常見的現象，乳白色小團塊是有益菌類的集合體，可以安心飲用。

⑤開瓶後的飲用期限

酵素原汁中雖然含有大量活的酵母菌，但是依然是食品，長期放置容易發酵過度而損及風味及效果。最好在開瓶後一個月之內喝完。

自製的酵素原汁也必須注意此點。

6.飲用法——一

以下教導酵素原汁可口飲用法的要領。

酵素原汁加水或果汁之後，味道變淡，別有一番風味。溫度只要保持在七十度以下，混合其他液體，效果不變。再者，家庭冰箱的冷度亦不會改變酵素原汁的效能。但是，請不要加入食品添加物或合成保存劑。

以下介紹數種既能保持效能，又極可口的飲用法。

①喝原汁

稠而帶甜，味道依材料而稍有不同。冰鎮後更為爽口好喝。

②加水飲用

加上冰水之後，甜度及氣味變淡，別有一番風味。但若是不喜歡發酵食品特有的氣味，只要加上數滴檸檬，即可去味。

加水比例以三～四倍為最佳。

加水後雖然成分不變，但是也不可長時間放置在陽光下。此外，倒出所需原汁之後，剩餘的原汁仍需放回陰涼處。

③加酒飲用

將酵素原汁加入威士忌、日本酒、高粱酒、啤酒等，不但成分沒有改變，味道也很不錯。特別是沒有使用添加物的酒類，性質與酵素原汁非常接近，兩者結合相得益彰。

以加入威士忌為例，加得過多顯得太甜，加得太少又無感覺。以往的經驗，在一瓶酒中加入十～二十cc的酵素原汁，放置一週後飲用，非常可口。

加入酵素原汁更好喝的原因是酒類的製法和自然釀造幾乎相同，過程、性質、材料均與酵素原汁非常接近。如果在加入酵素原汁之後，酒的風味沒有變，表示是加有大量化學藥品的合成酒。

由於優良的酒類與酵素原汁一樣，都是使用米、麥、葡萄等發酵而成。因此，當酵素進入酒瓶中，酵母菌再度活動分解酒精，使原先的酒更香、更醇。

至於加入酵素原汁的比例依個人喜好而異。通常的台灣酒是一瓶對十cc，日本酒是一公升對三十cc，良質的威士忌是一瓶（七百ml）對十～二十cc左右。

此外，水、酵素原汁、酒三種混合的比例也全無標準，完全視個人喜好而異。

④加入果汁、菜汁、牛奶、乳酸飲料

不加冰水而加入果汁、菜汁、牛奶、乳酸飲料等，不但品質不變，效果相乘更加好喝。

一般而言，牛奶二百cc對酵素原汁十cc以下。十cc以上時，牛奶凝結不易入口，但是效果不變。

也可以利用酵素原汁的甜性替代咖啡、紅茶中的砂糖。但是，酵素不耐高溫，七十度以上酵素完全失去功效，必須隨時注意。此外，對限制食用砂糖者而言，酵素原汁是最佳的代替品。不過，酵素原汁的濃度極高，甜度約為普通砂糖的一倍，使用時請注意。

此外，請您特別注意的是不要將酵素原汁加入已加有化學色素、防腐劑等的果汁類中。混合飲用雖然沒有危險，但是酵素原汁幾乎完全失去功效，實在可惜。

酵素水果凍的作法

①水20cc，倒入洋菜粉末2公克（1袋）及100cc柳丁汁（檸檬或橘子亦可），用小火慢熬。

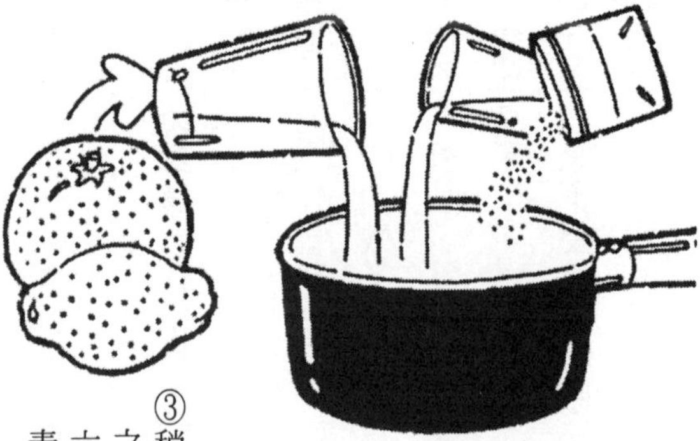

②洋菜完全溶化後，迅速關閉火源，絕不可讓水沸騰。

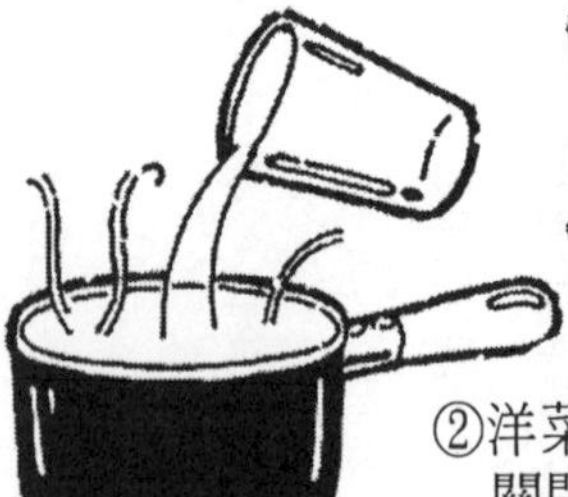

③稍微冷卻之後加上六十cc酵素原汁。

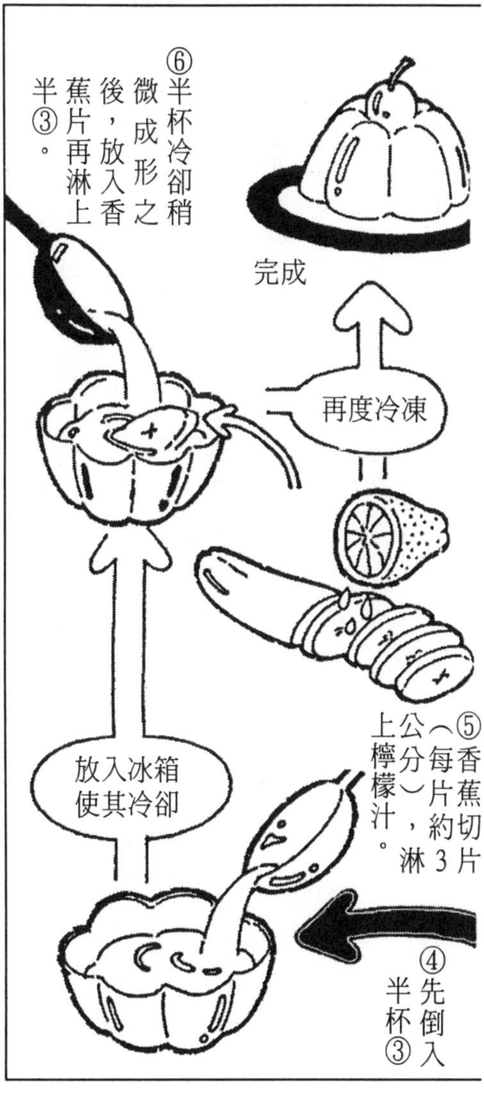

在果凍、水果酒或布丁中加一點酵素原汁，風味絕佳。以下為您介紹數種作法。

・酵素牛奶凍

①一四〇cc的牛奶加上一袋（二公克）的洋菜粉末，以小火調勻溶化。

②溶化之後，再調入六十cc的酵素原汁。

③倒入冷凍杯中使其冷卻、成形。

●酵素綜合水果酒

①準備多種季節性水果，如鳳梨、西瓜、柳丁、葡萄柚、枇杷、櫻桃、橘子等。

②將水果切成小塊，淋上檸檬汁，盛入玻璃器皿中。

③加上一大匙的酒以及六十cc酵素原汁，調勻之後放置冷卻可食用。

●酵素牛奶

牛奶一瓶（二百cc裝），仔細注入酵素原汁十cc，調勻之後冷凍更為可口。

●酵素胚芽果汁

①小麥胚芽粉末二大匙，加入天然果汁⅔公克。

②仔細調勻之後再加入六十cc酵素原汁。

●酵素豆奶

豆奶一杯加上六十cc酵素原汁，仔細調勻即可。

●葡萄柚酵素

將葡萄柚切成二半，用刀子在中央挖一個洞，倒入六十cc酵素原汁。或在剖開的西瓜上加上碎冰及六十cc酵素原汁也非常好吃。

●酵素玉米

罐頭玉米一杯，加上牛奶一小瓶（二百cc）及酵素原汁二十cc。

●酵素美容果汁

①高麗菜中葉二枚，大芹菜一枝、蘋果（削皮）⅓個，橘肉⅓個（剝掉橘瓣的薄膜）、桃子½個（削皮、去子）。

②將所有水果打成果汁加上六十cc酵素原汁，對美容有極大的效果。

●酵素果汁

①檸檬一個及橘子（或柳丁）一個，打成果汁。

②加入六十cc酵素原汁，調拌均勻，上面撒一點西洋芹的碎片。有防止日曬的效果。

除此之外，還有多種食用法，您不妨自行試看看。

8.粉末酵素的菜餚運用

粉末酵素除了可以沖泡飲用之外，也可用於調理食物，使食物更加美味、可口。例如：

①在鮮度稍微不夠的魚灑上一茶匙的粉末酵素。徹底抹遍魚身之後，經過十~二十分鐘，魚身變得新鮮有光澤，魚眼也閃閃發光。

②將一茶匙的粉末酵素抹遍多筋的肉，經過三十~六十分鐘，肉質變得柔軟而富彈性，如同上肉一般。

能夠達成以上兩種情況的理由在於運用酵素的分解作用。酵素能夠分解，去除魚肉上的腐敗物質及臭腥味恢復鮮度。肉的情況也相同，只是酵素所分解的對象變成蛋白質的筋而已。加上酵素，菜的香味盡出，鮮美極了。

以下是調理食物時的應用要點。

①使菜餚的濃香盡出。

②使肉質柔軟、好吃。

③若您想要享受食物的堅韌感，不可使用酵素。

④若您想要享受淡味食物，請不要使用酵素。

⑤若您想要吃到食物原來的鮮度，請不要使用酵素。

以下是實例運用。

●用於咖哩飯或燜燉食品上

上菜之後再撒上粉末酵素，香氣倍出。事先撒在肉或馬鈴薯的下面，可節省調理時間。

●加濃味噌湯的味道

將味噌湯盛入碗內後，加上⅓茶匙的粉末酵素。適合喜好吃重味。

粉末酵素的菜餚運用法
（酵素分量均以½～⅓茶匙為準）

●製作鮮潤的過夜醬菜

過夜醬菜的香味雖然很不錯，但是殘留在菜葉上的鹹澀味過於強烈。此時可以在菜葉間撒上少許的粉末酵素，增加醬菜的鮮潤，並且去掉鹹澀味。

●使硬肉變軟

在肉片（約80公克）上撒上⅓茶匙的粉末酵素，經過20～30分鐘，肉質自然變軟。筋帶特多的肉塊必須浸泡一小時以上。

●煮出鬆軟的米飯

將淘好的米和粉末酵素（分量比例如下頁表）混合淨泡2～3小時。所煮出來的米飯又香又Q，即使是舊米也如新米一樣美味。

●去除魚腥味

煮魚湯或烤魚往往會降低魚的鮮度。只要在事先準備一小盆的水，將¼茶匙的粉末酵素以及魚（70公克）放入盆中浸泡約20～30分鐘，即可去除魚腥味。

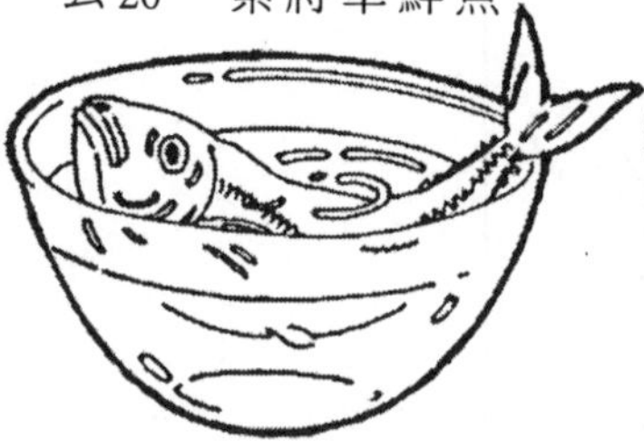

粉末酵素的菜餚運用法

	食品名	食品量	粉末酵素分量(茶匙)	使用法
穀類	糙米	3杯	1	米淘好之後加上粉末酵素，浸泡2～3小時。煮出來的飯一定是香水Q，有助於消化吸收。
	白米	3杯	½	同上
	麵類	500g	1	在沸騰的湯中加入麵條及材料，最後加入粉末酵素。有助於消化和吸收。
	薯類	500g	1 ½	水中加入菜料與粉末酵素，浸泡1小時。再煮半小時，食物即可完全煮熟。
	豆類	2杯	1	材料加粉末酵素加水，一起浸泡1小時，之後，加熱，在極短的時間內即可使豆類膨鬆、熟透。容易消化。
魚貝類	鮮魚類	500g	2	將生魚撒上粉末酵素，泡水10～20分鐘之後，用水清洗即可除去腥味。烹飪時也可在湯中加一點粉末酵素，以增加鮮味。
	冷凍類	500g	1 ½	解凍後，以粉末酵素水清洗，可除去腥味。
	貝類	200g	½	與鮮魚類相同。
肉類	牛、豬、雞肉	500g	2	撒上粉末酵素。30分鐘後，進行調理、烹飪，可以增加味道。如果肉質堅韌，可加上粉末酵素浸泡1小時，保證肉質變軟而可口。
	鯨、羊、馬肉	500g	2	撒上粉末酵素30～60分鐘後進行調理、烹飪，可去除肉的獨特腥味，使肉質柔軟好吃。

第七章　體驗——我的病治好了

——十九名男女實踐的酵素健康法——

1.六個月之內我瘦了二十公斤

洪小姐

以下我們訪問了在六個月之間瘦了二十公斤的洪小姐，請她告訴我們減肥的經驗及秘訣。

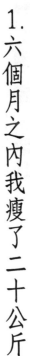

「我的減肥法是自己想出來的。良好的飲食搭配酵素原汁，才能使我一面減肥一面保持健康。我將這個方法叫做『洪氏六小時斷食減肥法』。

『洪氏六小時斷食減肥法』的秘訣是減少主食，專吃能夠填飽肚子的低卡路里食物，吃飽之後六小時以內絕對不再進食。

例如，早上八點吃早餐，食物內容是豆腐、海帶湯、不甜的水果、生菜、牛奶、番茄汁等足以飽腹的食物。然後再喝下六十cc的酵素原汁。吃飽以後六小時內不再進食，除了口乾喝水之外。

早餐結束後六小時是午後的二時。因此午餐是為下午二時。晚餐則是下午八時。聽說吃宵夜容易發胖，我取消了宵夜這一餐。

中、晚餐的食物內容包括能夠美容肌膚、補血的生牛排一百公克。

以上是我的減肥法。我認為飲食是減肥當中最重要的一環。由於體力容易衰弱，我以酵素原汁補充不足。在種種的配合之下，我才能在六個月之內從六十四公斤降到四十三公斤。起先我的先生也與我一同減肥，中途感到麻煩而退出。如今，我對自己的減肥成功感到無比的驕傲。

大家可以試一試我的方法，但是，飲食法方面要適合自己的體質。減肥時經常會出現體力不支及皺紋的現象，飲用酵素原汁正好可以補足缺點。」

2. 自從治癒我的鞭疼症後，全家都是酵素迷

影星夫人

我家從大人到小孩，一年來都是「酵素迷」。

與酵素結緣是早在十年前，我為鞭疼症（因車禍傷及頭骨，產生頭痛麻痺

等多種後遺症）所苦之時，經常來往的洗衣店老闆教我一套酵素飲用法與按摩術。由於過去半年之間接受專家治療一直不見好轉，於是我抱著姑且一試的心情開始接受酵素與按摩治療。二、三天之後疼痛解除，半年後完全痊癒。從此以後，我家的人成為酵素的忠實愛用者。

我剛結婚時非常瘦，而且有貧血、失眠等病症。後來又加上鞭疼症，真是讓我苦不堪言。

由於體質過於虛弱，第一個孩子早產（八個月大），雖然放在保溫箱內，一週後仍是死亡。

一年之後我生下長男，雖然也是早產，但是我比以前更細心照顧，孩子終於活了下來。三男也是早產，但是這幾個孩子每天過著規律的生活，並且飲用酵素，身體非常健康。孩子下痢時喝酵素，便秘時也喝酵素，除了酵素以外極少使用藥物。感冒、扁桃腺發炎時，紗布沾酵素原汁熱敷胸部、喉嚨即可痊癒。我也每天喝酵素，長久以來的婦女病全消，生孩子之後反而胖了起來。

外子的宿疾椎間板疝氣也在專門治療與酵素療法的相輔相成之下得以痊

癒。如今，若一感疲勞，喝一杯酵素原汁加雞尾酒，一切ＯＫ！

3.我的生理期又恢復正常了

A小姐　年齡19歲　職業：職員
身高153公分、體重58公斤

我為了減肥每天只吃二餐，而且只吃蔬菜。十幾天之後體重雖然逐漸下降，但是身體情況愈來愈差。

首先是月經沒有在預定日來潮。起初以為是遲幾天吧！但經過一週、二週仍然沒有來。夜夜擔心而輾轉難眠，但是，又想不出適當的理由。我逐漸感到頭暈目眩，走路有如跌入深谷一般。醫生說這只是太疲勞，休息幾天即可好轉。然而情況一直沒有改變。

我聽說伊藤博士的酵素健康法極為有效，於是前往拜訪。伊藤先生說：

「妳生病的原因是急速減肥。妳為了減肥一定大量限制食量吧！身體缺乏最重要的蛋白質，月經自然停止了。」

我經過伊藤先生的指導及耐心服用酵素原汁，體重逐漸減輕，生理期也恢復正常。

4.精力充沛，好像年輕了不少

B先生　年齡41歲　職業：公司課長
身高167公分、體重73公斤

我向來自認為體力不錯。直到有一天，才爬了三十層階梯就氣喘如牛，才知道自己的體力有多差。

在朋友的推薦下，我每天出門前喝半杯酵素，二個月後，不但精力充沛，顏色紅潤，連辦公室的女同事也經常讚美我，或對我獻殷勤，使我覺得年輕不少。

5.奇蹟！我的頭髮復活了

C先生　年齡41歲　職業：商
身高168公分、體重65公斤

年過四十的男性聚在一起時，話題總會繞到禿頭上，我也不例外。雖然沒有人注意，但是我仍然經常拿著鏡子，細數愈來愈稀薄的髮絲。

試用各種市面販賣的生髮劑，效果都不理想。禿頭是家父的遺傳，我在萬般絕望之下使用「酵素化粧水」。

自製「酵素化粧水」非常簡單，只要將藥用酒精與酵素原汁以十比一的比例混合調製即可。

使用方法也非常簡便，只要每天將酵素化粧水擦進（揉進）髮間即可。此外，每三天洗一次頭，充分吹乾後，擦入酵素化粧水，並仔細按摩頭皮。

一段時間之後產生效果，掉頭皮屑和脫髮的現象已經消失。我信心大增地繼續塗抹四個月。中央部位的頭髮竟然變多了。

對我而言，這簡直是奇蹟。一度失去的頭髮又復活了！酵素化粧水的確發揮了神奇的生髮效果。

每當朋友當中有人苦惱頭髮愈來愈少時，我就推薦他使用酵素化粧水。我有極強的說服力，因為我就是最好的實例。

6. 酵素賜給我新生命——我懷孕了

D女士　年齡32歲　家庭主婦
身高157公分、體重65公斤

結婚十年尚無一子。原因是當時夫妻兩人為了工作而曾經墮胎兩次。也許是上天的懲罰吧！我暗暗擔心是不是罹患了不孕症。

經過朋友的介紹，立即施行二十四小時酵素斷食法。早晚各飲三十cc，持續飲用一個月。

伊藤先生告訴我：「只要耐心服用，一定能夠治好不孕症。」我在醫生的鼓勵之下，從第二個月起也經常飲用酵素原汁，努力調整自己的身體狀況。

飲用酵素之後的第五個月，我終於懷孕了！

而且完全沒有孕吐，身心健康的我期待孩子早日降臨。

7. 青春痘全不見了

E女士　年齡26歲　家庭主婦

身高155公分、體重58公斤

「妳的臉像月球表面」外子經常開玩笑地對我說。

我的皮膚屬於油性，很難上粧。生育後皮膚更糟，粗黑而且滿臉紅豆冰。

外子一直希望我有一身光滑的肌膚以及苗條的身材。為了丈夫，我特別前往拜訪伊藤先生。

伊藤先生看了一下我的「一週飲食表」後，一語道破我的缺點，他說：

「妳所吃的食物中蔬菜類太少，缺乏維生素A、B。甜食不可吃得太多。必須將現在的酸性體質改善成弱鹼性體。」

於是我開始施行三天的酵素斷食，以補充蔬菜類的不足。酵素斷食法施行完畢之後，持續一個月，每天服用六十cc酵素原汁，並且配合飲食療法，禁止吃重味、辣味食物，控制每餐的分量。

現在的我不但青春痘全消，連過去一直困擾的乾癬也一併消失。外子看到我時，總是眼睛一亮！

8. 二個月治好便秘

F女士　年齡52歲　家庭主婦

身高154公分、體重57公斤

年過四十以後，孩子們都逐漸長大、自立，不再需要父母親的照顧。整日悠閑的我逐漸發胖，還經常便秘，最近已發展到每週只上一次大號的情況。起初以為沒什麼大病，吃點瀉藥即可解決。但是，瀉藥逐漸失去功效，到最後幾乎到了無瀉藥可治的地步。我心裏很著急，卻不知如何是好。

在朋友的推薦下，我接受酵素療法的指導。早晚各飲三十cc酵素原汁而已。二日後排出軟便，一個月之後養成每天早晨排便的習慣。

9. 只花三天的時間香港腳的奇癢突然停止

G先生　年齡38歲　職業　賣魚
身高167公分　體重72公斤

香港腳實在真討厭，每當我穿著長統雨鞋在賣魚時，它總是奇癢無比，讓我有隔靴搔癢之苦。

在一個偶然的機會裏，客人告訴我喝酵素能治香港腳。我抱著姑且一試的心情開始喝酵素，只有短短的三天，奇癢的現象突然停止。我真的好高興！

聽說香港腳的病毒深藏在真皮內，若不長期治療容易復發。於是我持續喝了半年。

雖然時間有點長，但是，比起奇癢無比的香港腳是舒服多了。我現在不但治好了香港腳，連胃腸也變得健康，整日精力充沛。

10. 二個月治好冰冷症

H女士　年齡28歲　家庭主婦
身高155公分、體重54公斤

我的手腳冰冷，冬天一來到，更是凍得發麻。月經不順、肥胖並有浮腫現象。我想結婚，成立一個美滿幸福的家庭。但我自知有病，不敢奢求……。

伊藤先生了解我的情況之後，提出一些指導。

首先是實施三天的酵素斷食法。三天之後繼續二個月的酵素療法。期間並徹底執行以下事項。

首先是規定每天六點起床。起床後一定要到廁所蹲一蹲，吃飯要細嚼慢嘛。一切就緒之後走路前往伊藤先生所設的指導教室。先量體重，然後做五公里的慢跑及三十分鐘的體操。午餐的菜單也是經過特別規定。除午餐之外禁食一切食物，連我最愛吃的巧克力和咖啡也不行。一天的「功課」結束之後，心情得到解放，真想大吃一頓，但是想到後果只有硬忍下來，晚上十點就寢。

如此規律的生活持續二個月，如今不但手腳不再冰冷、臉色好轉，連體重也達到理想。於是，三個月之後，我結婚了！

11. 一週的絕食療法治好我的高血壓

I先生　年齡43歲　職業　建設企劃
身高175公分　體重91公斤

去年體檢時，醫生告訴我有高血壓。經過醫生的提醒我才發覺自己的臉部有些水腫，起立時有暈眩的現象。醫生警告我謹守不可工作過度、不可過分吸菸喝酒、睡眠充足……等項目。可是正當工作顛峯的我，雖然心裏想要遵守這些戒條卻一直無法實行。

時間很快地一年又過了，我很擔心自己的身體，可是又抽不出時間徹底休養。經過別人的介紹，我選擇了酵素療法。

醫生指示必須斷食一週，斷食中早晚各喝二百cc酵素原汁。雖然沒有進食，精神仍很好，三天後高血壓症特有的頭痛消失，一週後腦袋清爽，全身輕鬆不少。

當然。高血壓並不是那麼簡單即可治癒。我固定每天喝半杯（一百cc）酵素，就這樣耐心地喝了半年。最近到醫院測量血壓，才發現我的血壓已在不知不覺中恢復正常。

12. 在半信半疑之下飲用酵素

J先生　年齡41歲　職業：證券課長
身高171公分、體重73公斤

說實在的，起初我對酵素原汁一點信心也沒有。

但是，我有一種怪病，一個月總要發作二、三次。發病時胃部刺痛，從胸口到喉嚨有如火柱一般的燒痛，這種痛苦不是旁人所能理解。

我一直認為這種症狀大概是胃的神經痛。而每當病發時，我唯一的有效處理法就是揉一揉胃的四週。

某日，有個朋友看我痛苦萬分，建議我喝酵素原汁。這是我第一次喝酵素的情況。

雖然對酵素沒有信心，但是既然已經喝了，就死馬當活馬醫吧！

持續飲用一、二週後，不可思議的情況發生了！過去激痛的胃病沒有再發作。我不相信這是酵素的功效，於是暫停服用酵素試看看，一週之後舊疾又復發了。

從此以後，我再也不懷疑酵素的神效！至今我仍然每天固定飲用半杯（一百CC）酵素原汁。胃痛的現象已完全消失，健康情況良好，全力投入工作。

13.對身體百利無一害

K先生　年齡52歲　職業　醫生
身高162公分、體重58公斤

酵素對人體的確有非凡的貢獻。

現在的人，肉食過多，體質極易傾向酸性而生病。酵素是改變體質成為弱鹼性的良藥之一。

14.才一個月兒子的氣喘就好多了

L女士　年齡43歲　家庭主婦
身高155公分、體重57公斤

我家的前面是條大馬路，空氣污染一直是家人苦惱的問題。小學二年級的兒子天生為喉嚨所苦，醫生的診斷是「小兒氣喘」，唯一的治療方法是換一個空氣清新的環境。

在這個「一屋難求」的時代，搬家是不可能的事。帶著兒子遍訪名醫，不但沒有結果，病情反而更加嚴重。甚至某些醫生認為這種病是「公害病」，讓我緊張地不知所措。

一直到某一天，一位曾經跟我一樣苦惱的母親告訴我有關酵素的神奇效力，我雖然半信半疑，但是身為母親的我，只要能夠治好孩子的病，即使是赴湯蹈火也在所不辭。

買了酵素原汁之後，每天早晚各飲十cc，毫不間斷地持續一個月。才剛滿一個月，發覺兒子的氣喘很少發作，已經好多了，不知好景是否能夠一直持續下去，我每天都在祈禱，希望兒子的病早日痊癒。

15.我終於解除長年痔瘡的痛苦

M先生　年齡31歲　職業　公司職員
身高165公分、體重66公斤

所謂「寡人有疾」，我已被痔瘡折磨數年之久，雖然經常痛楚萬分，卻又羞於看醫生。於是我開始尋找一種可以不為人知而又簡便的治療法。

經過調查，朋友當中有人使用酵素療法治好痔瘡。根據治癒者的說明，飲用酵素的確能夠治療痔瘡，而最快速的方法是直接在患部上塗抹酵素原汁……。

我請家人偷偷地買了一瓶酵素原汁，才塗抹了一個多月，患部的痛楚幾乎完全清失。聽人家說直接塗抹酵素不適合體質過敏的人，我很慶幸自己對酵素沒有過敏現象。

現在，只要聽說有人罹患痔瘡，我都會悄悄地告訴他酵素療法的神效！

16. 二個月瘦了七公斤

N小姐　年齡19歲　職業　學生
身高152公分　體重62公斤

朋友都叫我「不倒翁」，因為我的身高只有一五二公分，體重六十二公斤。男孩子們也叫我「不倒翁」，雖然沒有惡意，但是，我仍滿心不願意！可是，又有什麼辦法呢？

試做了幾種流行的減肥法，毫無效果。最後在朋友的介紹下開始實施酵素健康法。

由於過去的幾次減肥失敗經驗，使我對酵素抱著懷疑的態度，但已是最後一條路了，管它有沒有效，喝了再說。

才實施了三天，體重就下降了二公斤，我高興得以為在作夢。一個月後減少四公斤，第二個月後已經減少七公斤。我的目標是減肥十七公斤，還剩十公斤有待努力。若以一個月減肥三公斤來說，三個月之後我就有一副好身材了。

17.酵素產生效果後全身舒暢無比

O小姐　年齡26歲　職業　打字員
身高157公分、體重55公斤

也許是職業的問題，我經常感覺肩膀、頸項酸痛。朋友推薦我飲用酵素原汁。可是，第二日全身酸痛、無力，沒有辦法起床，不得已向公司請假一天。午後，臉色變壞，便秘兼下痢，食慾驟減。

聽說酵素原汁完全沒有副作用，但是情況實在很糟，於是打個電話問森田大夫。大夫說：

「那是酵素的暫時性反應，目的是將全身的毒素排泄出來。不必擔心，過二、三天就會好了！」

我雖然有些懷疑，仍然耐心地等了二、三天，如今果真全身輕鬆無比。

18.同時治療肥胖與月經不順

P小姐　年齡20歲　幫忙家務
身高160公分　體重49公斤

我的月經不順，兩個月只來潮一次，而且出血量極少。我經常害怕自己不能結婚。

我的體重高達七十公斤，有肩膀酸痛、容易疲勞、暈眩等現象。

我嚐試多種改變體質的方法都沒有成功。聽朋友談及有關酵素的效果，當然是躍躍欲試了。

耐心地喝了兩個月的酵素原汁，體重減輕十一公斤，連過去的月經不順等現象也一併治癒。現在的我，不但身材苗條，月經也回到規律的一個月一次。

19.治療胃下垂及青春痘

Q小姐　年齡26歲　職業　女職員
身高157公分　體重56公斤

我有胃下垂。一吃東西下腹立即有脹痛感。加上打嗝、噁心、口臭、滿臉青春痘、便秘，似乎全身不舒服。

起初聽說酵素對治療青春痘頗為有效，可是飲用了一陣子根本不見效果，於是打電話痛罵製造廠商。廠商將我介紹給森田大夫，才知道自己長青春痘的病因在胃下垂，沒有治好胃下垂，青春痘當然好不了。

斷食實在不好受，尤其是禁菸更是令人難過。可是，奇怪的是當我斷食結束可以抽菸時，卻對香菸一點興趣也沒有。於是，我很自然地戒煙了。

一個月之後，我不但治好了胃下垂、青春痘，連體重也恢復標準。

我一直記住大夫教我的那套方法。為了維持健康，我每年一定施行一次酵素療法。

文末附錄・公開酵素原汁自製法

——便宜安全，藥效卓著的伊藤式釀造法

酵素原汁一直是各家廠商的秘密。今日，我本著普及酵素療法立場，決心公開酵素原汁的釀造法，讓每個家庭都能自製酵素。

為了製造安全又有效的酵素原汁，我不斷重複實驗達六個月之久。

酵素原汁的釀造過程非常困難，請製造者謹守下列各條注意事項。

附錄　酵素原汁自製方法

準備用具

1 容器

為了讓空氣中的微生物能夠充分發酵，所選用的器皿以通氣性良好的木桶或素燒甕為主。

2 材料

此份材料約可製造六百cc（三日份）的酵素原汁。

①紅蘿蔔—1根（每根二百公克）
小黃瓜—2根（每根一百公克）
豆芽菜—一把（二百公克）
紅蘿蔔1根（每根二百公克）

小黃瓜2根（每根一百公克）

豆芽菜1把
二百公克

合計六百公克

②砂糖…與蔬菜同為六百公克。

③粉末酵素…1茶匙（2公克）

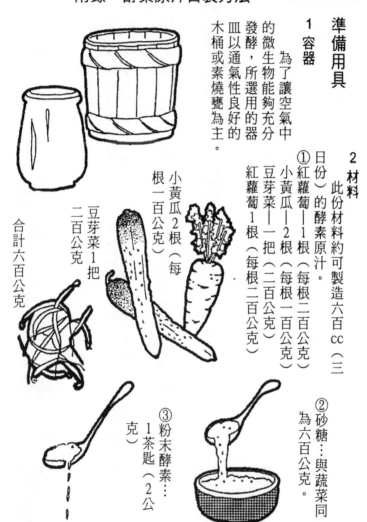

附錄　酵素原汁自製方法

粉末酵素的作用是促進發酵、穩定味道，不可放得過量，使酵素原汁的味道過酸。

選擇材料的注意事項

選擇堅硬、新鮮、沒有傷痕的蔬菜。本來，使用的材料種類愈多藥效就愈高。但是，家庭自製，為了避免雜菌侵入造成腐敗等的危險性，以前述三種蔬菜為主。

此外，蘿蔔、南瓜、山芋、蒿苣、芹菜、高麗菜、玉米粒、梨子等也是比較安全、易作的材料。

好材料

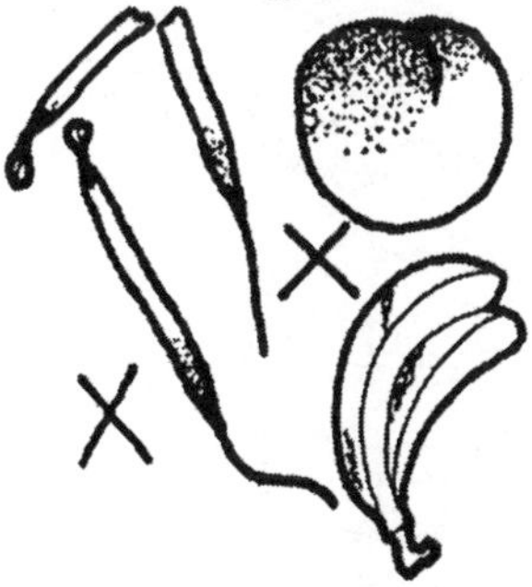

桃子、香蕉的風味絕佳，但是經常有傷痕，容易繁殖細菌，還是儘量避免。

豆芽菜的選擇必須特別留意。新鮮的豆芽菜是安全的保證。但是除了新鮮之外還需剔除帶紅、發黑或折斷的豆芽菜。

附錄　酵素原汁自製方法

作法：

①首先必須用肥皂徹底清洗雙手，消毒雜菌類。

②用熱水消毒容器，並放置一旁備用。

③充分洗淨紅蘿蔔、小黃瓜、豆芽菜等材料。此時絕對不可使用中性清潔劑。

④材料清洗完畢後，將其中的紅蘿蔔削皮，小黃瓜切段。然後將兩者用手折成一小段一小段，沒有一定的大小基準，原則上是愈細愈好。豆芽菜則放在竹簍內充分濾乾水分。

⑤將折好的紅蘿蔔、小黃瓜依次迅速地沾滿砂糖放入甕內。剩餘的砂糖也一併倒入。

⑥最後撒上粉末酵素。

⑦完全倒入之後，栓緊蓋子。若無蓋子，可利用牛皮紙充當蓋子，邊緣用橡皮筋扣緊即可。

附錄　酵素原汁自製方法

⑧釀造期間三天。放置容器的場所請謹守以下事項

●避免陽光直射。

●避免放在垃圾、灰塵容易侵入的地方。

●選擇通風良好的地方。

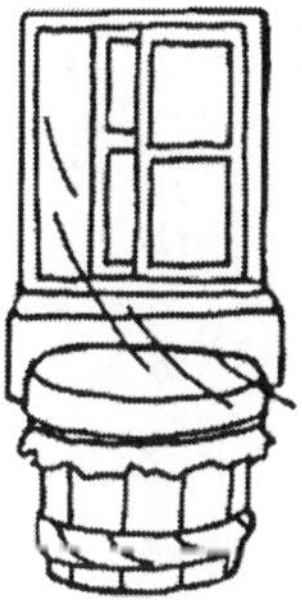

●室溫保持在十八～二十三度之間（夏季高溫，最好提前製作。冬季低溫，最好能擺在有暖氣的室內）。

⑨二十四小時後，含有酵素的蔬菜逐漸滲出水分，表面浮出一層白色泡沫。此時請用筷子捲紗布（已消毒）清除泡沫。第2天再做一次。不可使用鐵、鋁等金屬製品。

⑩短時間內無法用肉眼看出發酵狀態，但是只要作法正確，一定能發酵。

⑪三天後，將發酵液過濾之後即成酵素原汁。過濾方法可利用咖啡濾紙或乾淨的紗布。

⑫保存瓶以綠色、茶色、不透光為宜。蓋子以軟木塞為佳。

附錄　酵素原汁自製方法

飲用法

①清晨起床、夜晚就寢前各飲半杯(約九十cc)，以倍冷水稀釋飲用。一天合計飲用一百八十cc，約有四百卡路里，相當於二碗飯，因此必須減少飯量。

②連續使用一週～一個月。

③實施「二十四小時斷食法」時，分量增加為三倍。

〈有效成分〉

　酵素的有效成分約為市面製品的⅓。

〈外用效果〉

　去頭皮，止香港腳之癢。刀傷、蟲咬。

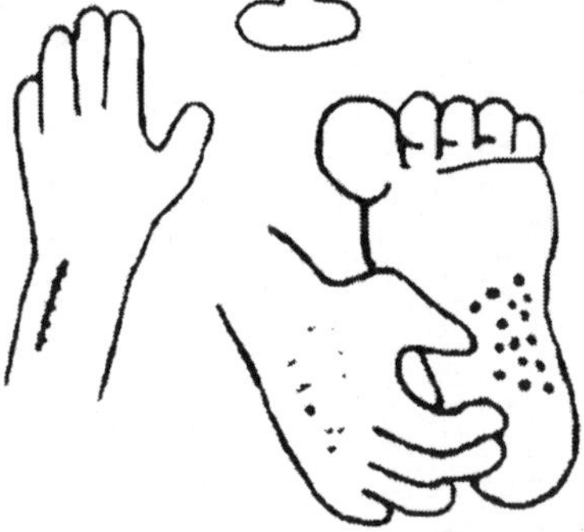

〈服用效果〉

　增進健康、美容效果——可使皮膚光滑、潔白。治療油性、粗糙、皮膚。治療便秘、宿醉、夏日熱、消化不良、食慾不振、肩膀酸痛。有增強體力、強肝作用。

附錄　酵素原汁自製方法

注意1

製作方法錯誤，雜菌侵入容易產生異物。

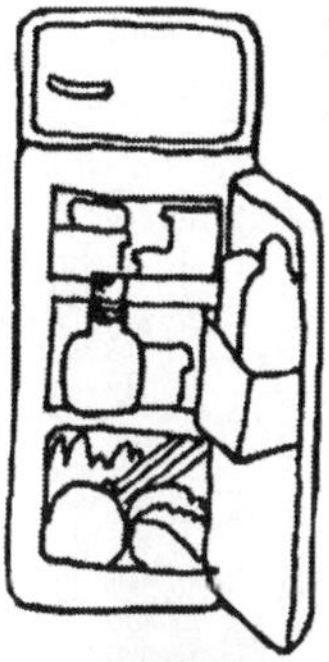

注意2

製造後放在冰箱內保存，並在三天內開瓶飲用。

注意3

飲用後，酵素調整腸內微生物的不平衡現象，可以軟化便秘。某些人對酵素有反應現象，如輕微的嘔吐、反胃等，但無副作用。敬請安心。

注意4

手上有傷口或起疹子的人，容易將化膿菌帶入酵素釀造瓶內，不可製作酵素。

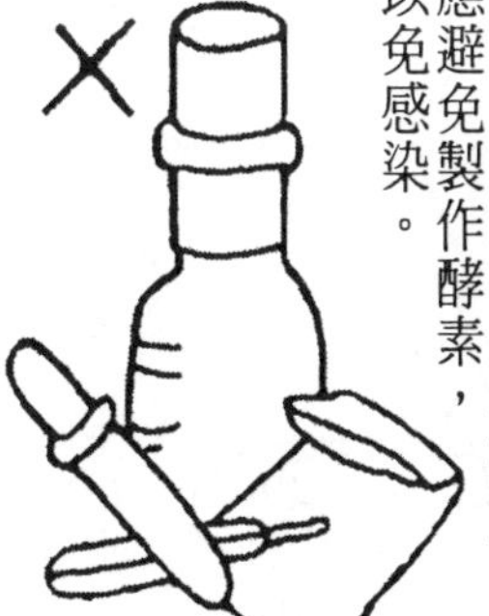

注意5

家中若有結核病患，應避免製作酵素，以免感染。

附錄　酵素原汁自製方法

其他利用法

將作法⑨沾起的渣滓撒滿米糠，數天後裝進經過漂白的小布袋內，並且密縫起來。此物放入熱水，可讓您洗一個舒服的乳白色酵素浴。

酵素浴可使肌膚光滑、保持體溫、促進新陳代謝，有很好的健康、美容效果。

若加十倍的藥用酒精可用於去頭皮屑。洗髮後，頭皮輕爽無比。只需二、三天，頭皮屑、頭皮癢完全根除。

酵素浴之後的剩水用於園藝，使草木長得又快又好。

此外，酵素營養美容霜也是極佳的美容聖品（詳情參考第四章）

酵素加酒，可使酒的氣味、品質更佳。（詳情參考第六章）

本書原書名《酵素健康法》，首版數刷已售罄。為應廣大讀者對本書的認可及需求，本社敦請李辰先生去蕪存菁，再加入一些新資料，重新編排付梓，使本書得以更臻完善。

國家圖書館出版品預行編目資料

酵素養生智慧／李 辰 主編
－初版－臺北市，大展，2011【民 100.04】
面；21 公分－（元氣系列；17）
ISBN 978-957-468-802-9（平裝）
1. 酵素　2. 健康食品　3. 食療
399.74　　100002312

酵素養生智慧

主　　編／李　　辰
發 行 人／蔡　森　明
出 版 者／大展出版社有限公司
社　　址／台北市北投區（石牌）致遠一路 2 段 12 巷 1 號
電　　話／(02) 28236031・28236033・28233123
傳　　真／(02) 28272069
郵政劃撥／01669551
網　　址／www.dah-jaan.com.tw
E-mail／service@dah-jaan.com.tw
登 記 證／局版臺業字第 2171 號
承 印 者／傳興印刷有限公司
裝　　訂／承安裝訂有限公司
排 版 者／千兵企業有限公司
初版1刷／2011 年（民 100 年） 4月
初版2刷／2013 年（民 102 年）10月
定價／200 元

大展好書　好書大展
品嘗好書　冠群可期

大展好書　好書大展
品嘗好書　冠群可期